熱とエネルギー

●温度

$T=t+273$

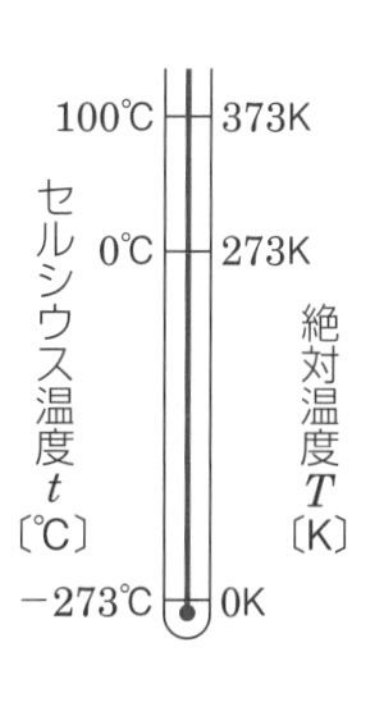

●熱容量と比熱

$C=mc$

●熱量

$Q=C\Delta T$

$\quad=mc\Delta T$

●熱力学の第１法則

$\Delta U=Q+W$

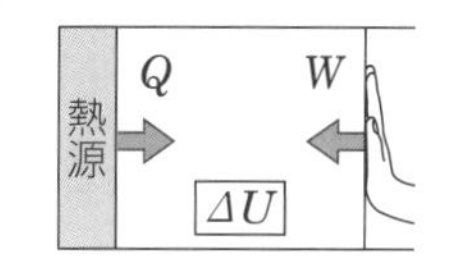

●熱効率

$$e=\frac{W}{Q_1}=\frac{Q_1-Q_2}{Q_1}$$

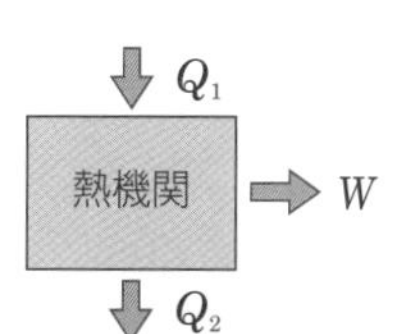

波の性質

●波の要素

$$f=\frac{1}{T}$$

$$v=\frac{\lambda}{T}=f\lambda$$

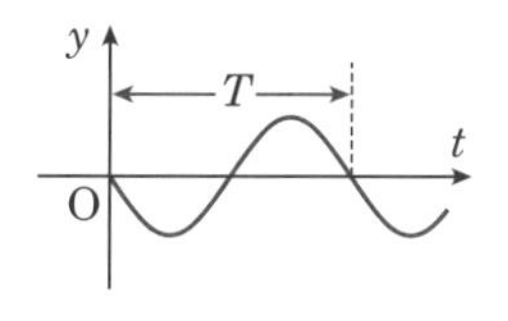

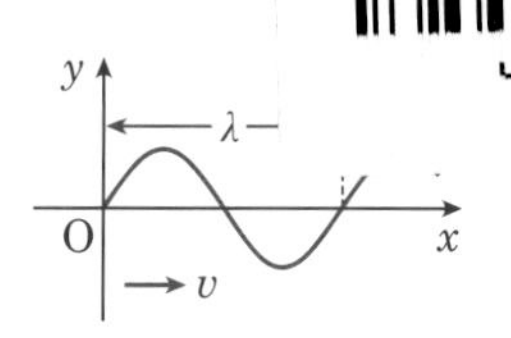

音　波

●音速

$V=331.5+0.6t$

●うなり

$f=|f_1-f_2|$

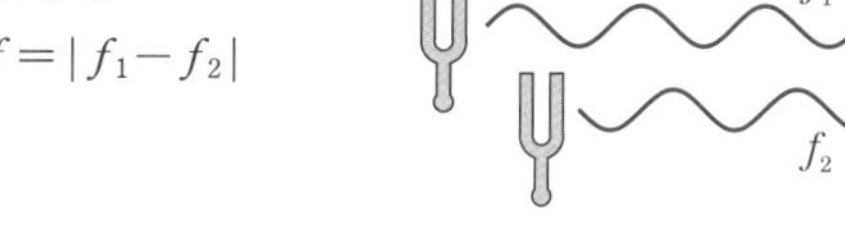

●弦の固有振動

$$\lambda_m=\frac{2L}{m}$$

$$f_m=\frac{m}{2L}v$$

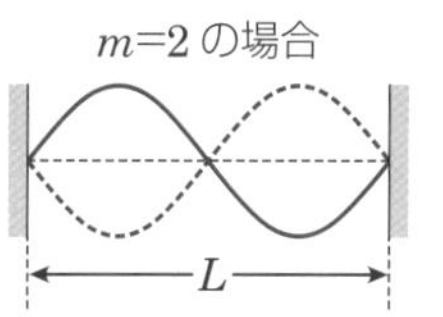

●気柱の固有振動

閉管

$$\lambda_m=\frac{4L}{2m-1}$$

$$f_m=\frac{2m-1}{4L}V$$

m=2 の場合

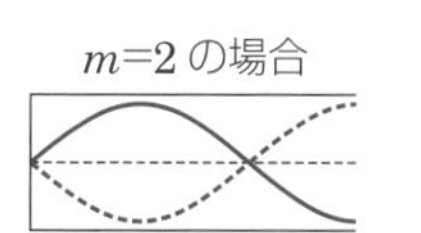

開管

$$\lambda_m=\frac{2L}{m}$$

$$f_m=\frac{m}{2L}V$$

m=2 の場合

電　気

●オームの法則

$$I=\frac{V}{R}$$

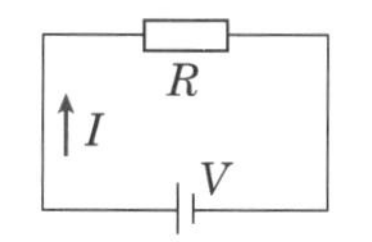

●合成抵抗

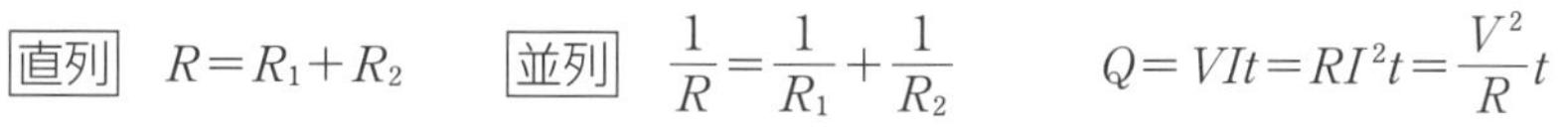

直列　$R=R_1+R_2$

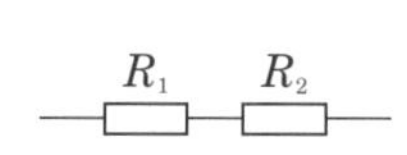

並列　$\dfrac{1}{R}=\dfrac{1}{R_1}+\dfrac{1}{R_2}$

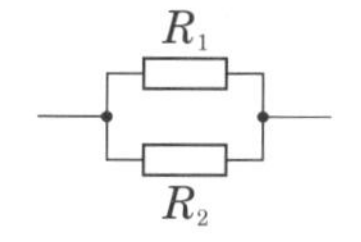

●ジュールの法則

$$Q=VIt=RI^2t=\frac{V^2}{R}t$$

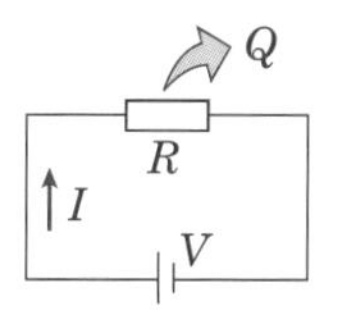

●電力量

$$W=VIt=RI^2t=\frac{V^2}{R}t$$

●電力

$$P=\frac{W}{t}=VI=RI^2=\frac{V^2}{R}$$

第Ⅱ章 熱

第Ⅲ章 波動

第Ⅳ章 電気

CONTENTS

本書の構成と利用法

①本書は，高等学校「物理基礎」に対応した書きこみ式のノート型問題集です。

②学習内容をテーマごとに2ページ，または1ページでまとめ，次のように構成しました。

学習のまとめ 空所補充形式で学習内容を整理できるようにしました。

確認問題 公式の使い方など，学習内容を確認できるようにしました。

練習問題 基本的な問題で構成し，基礎・基本の理解が身に付くようにしました。

「確認問題」，「練習問題」には，関連する「学習のまとめ」の項目番号を付しています。

③特に反復練習の必要な学習内容は，特集ページ「集中トレーニング」として扱いました。また，「章末問題」を設け，学んだ知識を活用するための問題を扱っています。

④知識・技能を培うための問題には **知識** マーク，思考力・判断力・表現力を培うための問題には **思考** マーク，発展的な学習内容の問題には **発展** マークを付しています。

各問題には到達度を記入できるチェック欄を設け，複数回の学習に役立つようにしました。

記入例 正解を導けた問題……………………… ✓
正解を導けなかった問題……………………… ✓

◆学習支援サイト プラスウェブ のご案内 スマートフォンやタブレット端末機などを使って，学習状況を記録できるポートフォリオをダウンロードできます。 https://dg-w.jp/b/5b00001
［注意］コンテンツの利用に際しては，一般に，通信料が発生します。

集中トレーニング 1 物理を学習するにあたって

解答編 p.1

物理では，中学校の数学の内容もよく利用される。ここで復習し，確実に身につけよう。

演習問題

学習日：　　月　　日／学習時間：　　分

1. 数の計算 ▶ 次の計算をせよ。知識

(1) $7-(-10)\times3$

答

(2) $15-(-14)\times3$

答

(3) $4^2-3\times(-5)$

答

(4) $2-\left(\dfrac{1}{2}\right)^2$

答

2. 平方根の計算 ▶ 次の平方根を整数で表せ。知識

(1) $\sqrt{4}$　(2) $\sqrt{9}$　(3) $\sqrt{25}$　(4) $\sqrt{144}$

答　答　答　答

3. 平方根の計算 ▶ 次の平方根を $a\sqrt{b}$ の形で表せ。知識

(1) $\sqrt{18}$　(2) $\sqrt{48}$　(3) $\sqrt{54}$　(4) $\sqrt{108}$

答　答　答　答

4. 文字式の計算 ▶ 次の各問に答えよ。知識

(1) $a=bc$ を c について解け。

答

(2) $b=\dfrac{x}{a}$ を x について解け。

答

5. 1次方程式 ▶ 次の1次方程式を解け。知識

(1) $2x-3=1$

答

(2) $3x+1=10$

答

(3) $7x-14=-28$

答

(4) $8x-6=4x+14$

答

チェック

□平方根の扱いを理解し，根号を含んだ計算ができる。

□記号を用いた式を変形し，方程式を解くことができる。

1 指数と有効数字

学習のまとめ

1 大きい数値と小さい数値の表し方

大きい数値や小さい数値は，□$\times 10^n$ の形で表される。このとき，10^n を 10 の(ア　　　)といい，n を 10^n の(イ　　　)という。

$\underbrace{300000000}_{0が8個}\text{m}=3\times10^8\text{m}$　　$\underbrace{0.0000000005}_{0が10個}\text{m}=5\times10^{-10}\text{m}$

10 の累乗どうしの計算では，次の関係が成り立つ。

$$10^m\times10^n=(ウ\qquad)\qquad \frac{10^m}{10^n}=(エ\qquad)\qquad (10^m)^n=10^{m\times n}$$

プラス＋
10^0，10^{-n} は，次のように定められる。

$$10^0=1\qquad 10^{-n}=\frac{1}{10^n}$$

ただし，n は正の数とする。

2 有効数字

物理量の測定に伴う誤差を考慮したとき，測定で得られた意味のある数字を(オ　　　)，その個数を有効数字の(カ　　　)という。これを明確にするために，物理量の数値は □$\times 10^n$ (1≦□<10) の形で表される。

3 測定値の計算

①**足し算・引き算**　計算結果の末位を，四捨五入によって，最も末位の(キ　　　)ものにそろえる。

【計算例】　12.3cm＋2.55cm＝14.85cm　　14.9cm

②**掛け算・割り算**　計算結果の桁数を，四捨五入によって，有効数字の桁数が最も(ク　　　)ものにそろえる。

【計算例】　$48.1\text{cm}\times6.8\text{cm}=327.08\text{cm}^2$　　$3.3\times10^2\text{cm}^2$

③**定数を含む計算**　円周率 π や $\sqrt{2}$ などの定数は，測定値の桁数よりも(ケ　　　)桁多くとって計算する。

【計算例】　$\pi\times2.34=3.141\times2.34=7.349\cdots$　　7.35

プラス＋
0.030m のような測定値における最初の数値 0.0 は位取りを表し，有効数字には含まれない。この測定値の有効数字は 2 桁である。

練習問題

学習日：　　月　　日／学習時間：　　分

6. 指数の計算▶ 次の指数の計算をせよ。知識　➡1

(1) $10^3\times10^4$

答 ＿＿＿＿

(2) $10^6\times10^5$

答 ＿＿＿＿

(3) $10^9\times10^{-3}$

答 ＿＿＿＿

(4) $10^7\div10^5$

答 ＿＿＿＿

(5) $10^8\div10^3$

答 ＿＿＿＿

(6) $(10^4)^2$

答 ＿＿＿＿

チェック
□指数の扱いを理解し，10 の累乗どうしの計算をすることができる。
□有効数字の意味を理解し，測定値の有効数字の桁数を判定することができる。

☑ **7. 有効数字の桁数**▶ 次の数値について，有効数字の桁数を示せ。知識 ➡2

(1) 1.8cm　(2) 1.80cm　(3) 0.0032kg　(4) 4.80×10^9kg

答　答　答　答

☑ **8. 有効数字**▶ 有効数字の桁数に注意し，次の測定値を □$\times10^n$ の形で表せ（1≦□<10）。知識 ➡2

(1) 3000.0m　(2) 0.00030m　(3) 0.00250kg　(4) 365日

答　答　答　答

☑ **9. 有効数字**▶ 次の長方形について，縦，横の長さはそれぞれ何mmか。有効数字に注意して，最小目盛り1mmの定規で測定せよ。思考 ➡2

答 縦：　横：

☑ **10. 測定値の計算**▶ 有効数字の桁数に注意して，次の測定値の計算をせよ。知識 ➡3

(1) 2.8+1.4

答

(2) 3.2+5.35

答

(3) 8.3−0.27

答

(4) 6.2×2.0

答

(5) 0.040×30.0

答

(6) 14÷8.0

答

☑ **11. 定数を含む計算**▶ 有効数字の桁数に注意して，次の測定値の計算をせよ。ただし，$\pi=3.1415\cdots$，$\sqrt{2}=1.4142\cdots$とする。知識 ➡3

(1) $3.0\times\pi$

答

(2) $2.00\times\sqrt{2}$

答

チェック
□有効数字を考慮した四則演算ができる。
□有効数字を考慮した定数を含む計算ができる。

●解答編 p.2

2 等速直線運動と変位・速度

学習のまとめ

1 速さ

速さは，物体が単位時間あたりに移動する(ア　　　　)で表される。物体が距離 x〔m〕を時間 t〔s〕で移動するとき，その速さ v〔m/s〕は，

$v=$ (イ　　　　)

と表される。速さの単位には，(ウ　　　　　　　　)(記号 m/s)や，キロメートル毎時(記号 km/h)などが用いられる。

プラス+
時間を秒(s)で表すとき，単位時間は 1s である。

プラス+
(イ)で計算される速さを平均の速さ，スピードメーターで示されるような刻々と変化している速さを瞬間の速さという。

2 等速直線運動

直線上を一定の速さで進む物体の運動を(エ　　　　　　　)といい，その速さが v〔m/s〕のとき，時間 t〔s〕での移動距離 x〔m〕は，　$x=$ (オ　　　　　)

と表される。このような運動では，移動距離 x と経過時間 t との関係を示す $x-t$ グラフは，原点を通る直線になり，速さ v と経過時間 t との関係を示す $v-t$ グラフは，t 軸に平行な直線になる。

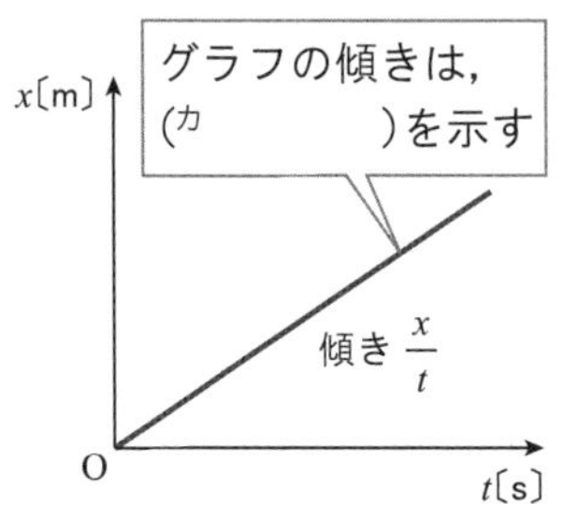

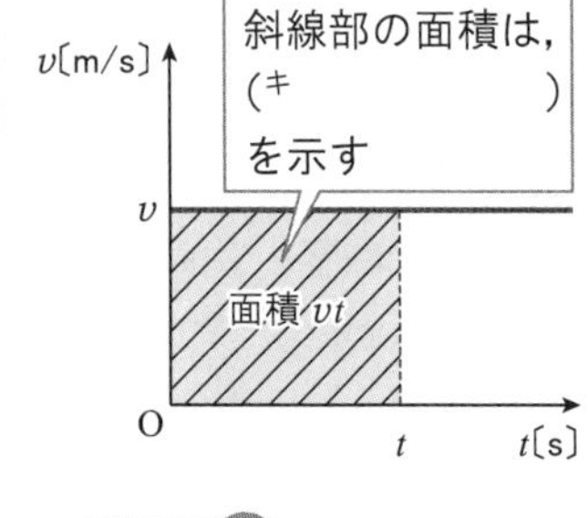

3 変位と速度

物体がどちら向きにどれだけ移動したかを表す量を(ク　　　　)という。また，速さと運動の向きをあわせた量を(ケ　　　　)という。

x 軸上を運動する物体が，位置 x_1〔m〕の地点 A を時刻 t_1〔s〕に通過し，位置 x_2〔m〕の地点 B を時刻 t_2〔s〕に通過したとき，この間の物体の(コ　　　　　　)$\bar{v}$〔m/s〕は，次式で表される。

$$\bar{v}=\frac{x_2-x_1}{t_2-t_1}$$

$x-t$ グラフ上の 2 点 A，B を結ぶ直線の傾き $\bar{v}$ は，その区間における(サ　　　　　　)を表す。また，時刻 t_1 からの経過時間を十分に小さくとったときの平均の速度を，t_1 における(シ　　　　　　)といい，$x-t$ グラフでは，t_1 における(ス　　　　　　)で表される。

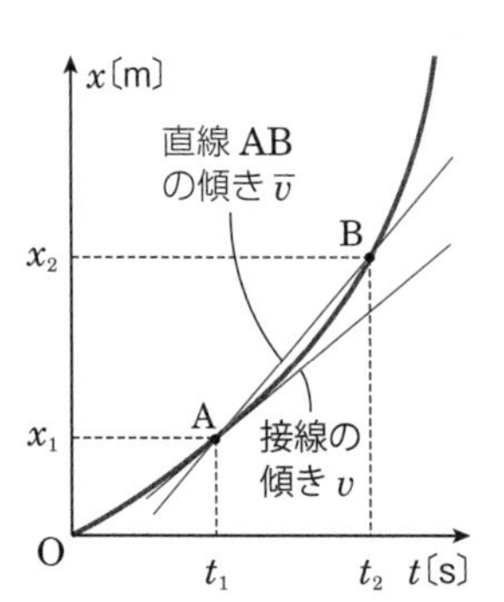

プラス+
点 O にあった物体が，点 A を経由して，点 B まで移動したとき，物体の移動距離は OA＋AB，変位は x 軸の正の向きに OB である。

移動距離
変位
O　B　A　x

プラス+
直線上の運動では，正の向きを定めることで，変位や速度の向きを正，負の符号で表すことができる。

プラス+
等速直線運動は等速度運動ともよばれる。

確認問題

☑ **12.** 一定の速さで，600m の距離を 40 秒で進む物体の速さは何 m/s か。知識　➡12

答 ________

☑ **13.** 速さ 12m/s で等速直線運動をする物体が，6.0 秒間に進む距離は何 m か。知識　➡12

答 ________

☑ **14.** 物体が，ある点から右向きに 5.0m 移動した。変位は，どちら向きに何 m か。知識　➡3

答 ________

チェック
□等速直線運動をする物体の移動距離と経過時間の関係を理解している。
□等速直線運動をする物体の移動距離や速さを，グラフから読み取ることができる。

知識

15. **速さの単位**▶ 72km/h は何 m/s か。 ➡1

答

知識

16. **等速直線運動**▶ 図は，等速直線運動をする物体の移動距離 x〔m〕と経過時間 t〔s〕の関係を示す $x-t$ グラフである。この物体の速さは何 m/s か。 ➡2

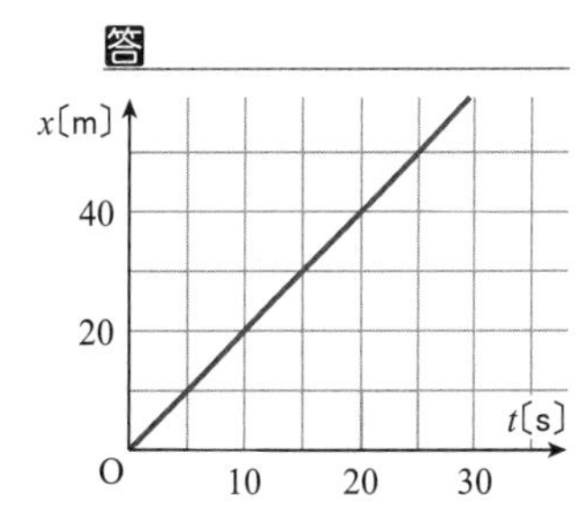

答

知識

17. **平均の速度**▶ 図のように，x 軸上を運動する物体がある。物体は，時刻 0 で原点 O を正の向きに通過し，時刻 6.0 秒で点 A に達したあと，運動の向きを変えて，時刻 8.0 秒で点 B に達した。 ➡3

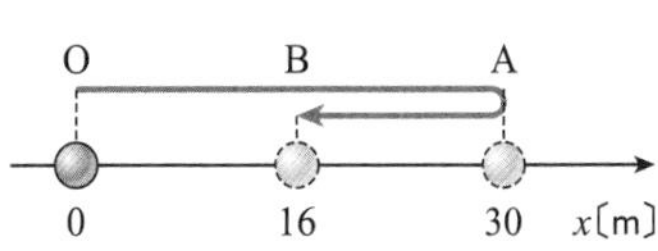

(1) 時刻 0 から 8.0 秒の間の移動距離，変位はそれぞれ何 m か。

答　移動距離：　　　変位：

(2) 時刻 0 から 8.0 秒の間における平均の速度は何 m/s か。

答

知識

18. **平均の速度と瞬間の速度**▶ 図は，x 軸上を運動する物体の位置 x〔m〕と時刻 t〔s〕との関係を示す $x-t$ グラフである。 ➡3

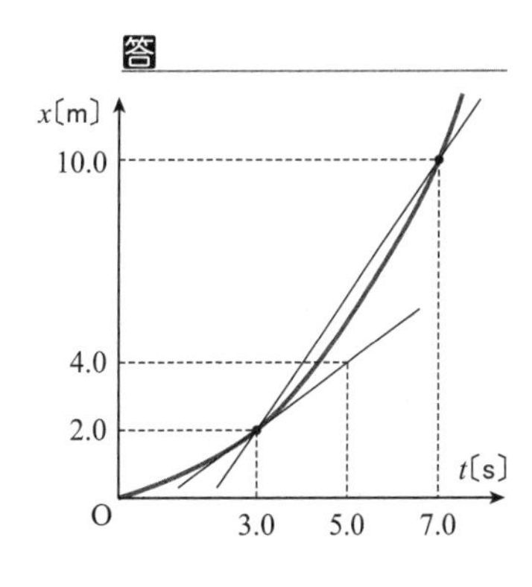

(1) 時刻 3.0 秒から 7.0 秒の間における平均の速度は何 m/s か。

答

(2) 時刻 3.0 秒における瞬間の速度は何 m/s か。

答

思考

19. **$x-t$ グラフ**▶ 図は，x 軸上を運動する物体の位置 x〔m〕と，時刻 t〔s〕との関係を示す $x-t$ グラフである。次の文の［　　］に入る適切な語句，または数値を答えよ。 ➡3

$x-t$ グラフから，はじめ，物体は x 軸の［ ア ］の向きに運動している。その速度の大きさは徐々に［ イ ］くなり，やがて［ ウ ］となる。

x〔m〕 100 O 25 t〔s〕

答　ア：　　イ：　　ウ：

チェック
□物体の変位と速度の関係を理解している。
□平均の速度と瞬間の速度の違いを理解している。

3 速度の合成・相対速度

学習のまとめ

1 速度の合成

静水を進むときの速度 v_1 の船が，流れの速度 v_2 の川を進むとき，岸から見た船の速度 v は，v_1 と v_2 の和として求められる。2 つの速度 v_1，v_2 を 1 つの速度 v にまとめることを(ア　　　　　　)といい，v は次式で表される。

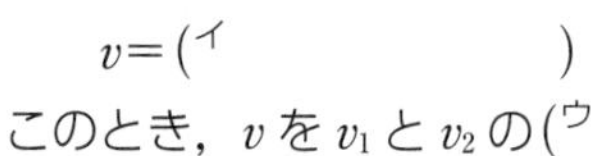

$v=$(イ　　　　　　)

このとき，v を v_1 と v_2 の(ウ　　　　　　)という。

静水を進むときの船の速度 v_1
川の流れの速度 v_2
岸から見た船の速度 v

2 相対速度

速度 v_A で運動する物体 A から，速度 v_B で運動する物体 B を見たときの速度 v_{AB} を，A に対する B の(エ　　　　　　)といい，次式で表される。

$v_{AB}=$(オ　　　　　　)

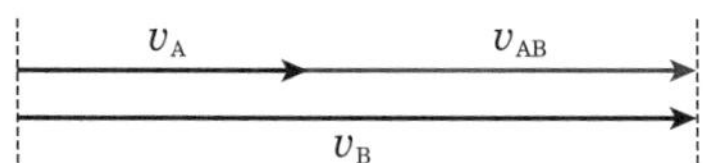

プラス＋ 地面に対する相対速度を，単に速度とよぶことが多い。

3 平面上における運動 ↗発展

(1) 互いに平行でない速度 $\vec{v_1}$ と $\vec{v_2}$ の合成速度 $\vec{v}$ は，$\vec{v_1}$ と $\vec{v_2}$ を隣りあう 2 辺とする平行四辺形の(カ　　　　　　)として求めることができる。
これを(キ　　　　　　)の法則といい，$\vec{v}$ は次式で表される。

$\vec{v}=$(ク　　　　　　)

逆に，$\vec{v}$ を $\vec{v_1}$ と $\vec{v_2}$ に分けることもでき，これを(ケ　　　　　　)という。

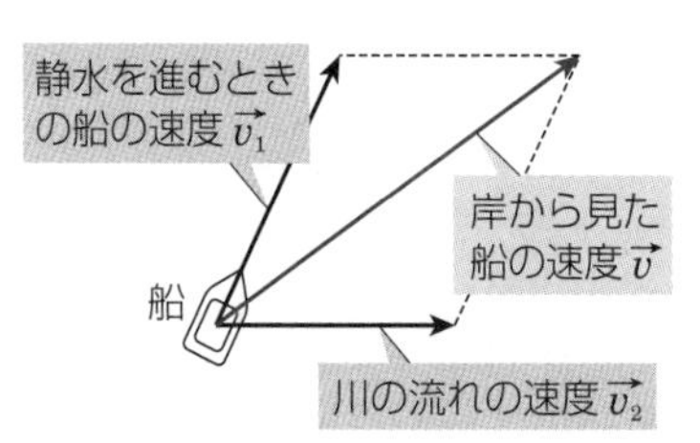

(2) 速度 $\vec{v_A}$ で運動する物体 A から，速度 $\vec{v_B}$ で運動する物体 B を見たときの相対速度 $\vec{v_{AB}}$ は，次のように求められる。

$\vec{v_{AB}}=$(コ　　　　　　)

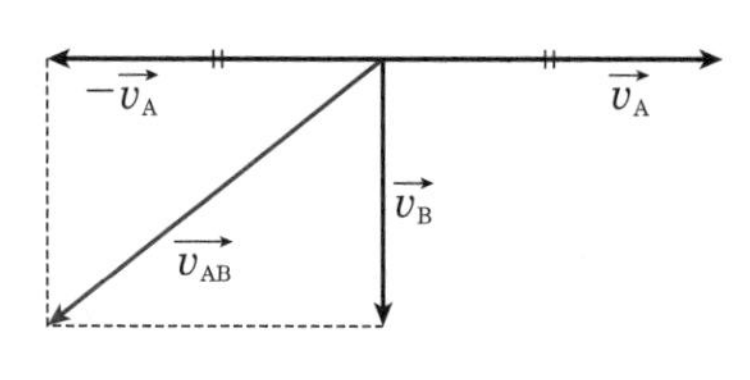

プラス＋ 長さや速さのように大きさだけをもつ量をスカラー，変位や速度のように大きさと向きをもつ量をベクトルという。
ベクトルは，$\vec{v}$ のように，文字の上に矢印をつけて表される。
直線上の運動では，正の向きを定めることで，ベクトルの向きを正，負の符号で表すことができ，$\vec{v}$ の矢印を省略して v と表されることが多い。

確認問題

☑ **20.** 静水を進むときの速さ 4.0m/s の船が，流れの速さ 3.0m/s の川を川下に向かって進んでいる。岸から見た船の速度は，どちら向きに何 m/s か。知識 ➡1

答 ＿＿＿＿＿＿＿＿

☑ **21.** 静水を進むときの速さ 6.0m/s の船が，流れの速さ 2.5m/s の川を川上に向かって進んでいる。岸から見た船の速度は，どちら向きに何 m/s か。知識 ➡1

答 ＿＿＿＿＿＿＿＿

☑ **22.** 東向きに速さ 10m/s で走行する自動車から，東向きに速さ 20m/s で走行するバイクを見る。自動車に対するバイクの相対速度は，どちら向きに何 m/s か。知識 ➡2

答 ＿＿＿＿＿＿＿＿

☑ **23.** 東向きに速さ 4.0m/s で走行する自動車から，西向きに速さ 8.0m/s で走行するバイクを見る。自動車に対するバイクの相対速度は，どちら向きに何 m/s か。知識 ➡2

答 ＿＿＿＿＿＿＿＿

チェック
□一直線上を運動する物体の速度の合成を理解している。
□一直線上を運動する 2 つの物体の相対速度を求めることができる。

練習問題

学習日：　　月　　日／学習時間：　　分

知識

☑ **24. 速度の合成▶** 静水を進むときの速さ 5.0m/s の船が，流れの速さ 3.0m/s の川の 2 点 AB 間を往復する。AB 間の距離は 40m であるとして，次の各問に答えよ。 ➡1

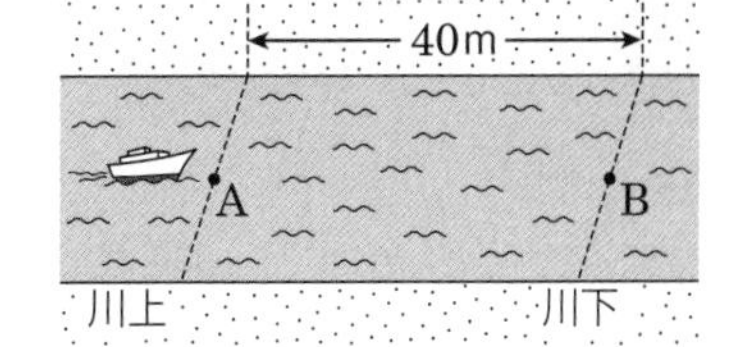

(1) 船が川下に向かって進むとき，岸から見た船の速度は，どちら向きに何 m/s か。

答 ＿＿＿＿＿＿＿＿

(2) 船が川上に向かって進むとき，岸から見た船の速度は，どちら向きに何 m/s か。

答 ＿＿＿＿＿＿＿＿

(3) 船が AB 間を往復するのにかかる時間は何秒か。

答 ＿＿＿＿＿＿＿＿

知識

☑ **25. 相対速度▶** 自動車が，東向きに速さ 8.0m/s で走行している。次の各問に答えよ。 ➡2

(1) この自動車から静止しているビルを見ると，どちら向きに何 m/s で動いているように見えるか。

答 ＿＿＿＿＿＿＿＿

(2) この自動車から見て，西向きに速さ 6.0m/s で進んでいるように見えるバイクの速度は，どちら向きに何 m/s か。

答 ＿＿＿＿＿＿＿＿

思考　発展

☑ **26. 平面上の速度の合成▶** 静水を進むときの速さ 4.0m/s の船が，川幅 12m，流れの速さ 3.0m/s の川を，船首を流れに直角に向けて渡る。船は図の位置から出発した。次の各問に答えよ。 ➡3

川上　川下　12m　船

(1) 船が出発してから 1.0 秒後，2.0 秒後の船の位置を図に記せ。また，岸から見た船の速さは何 m/s か。図の 1 目盛りは 1.0m を表す。

答 ＿＿＿＿＿＿＿＿

(2) 船が川を渡りきるのにかかる時間は何秒か。

答 ＿＿＿＿＿＿＿＿

知識　発展

☑ **27. 平面上の相対速度▶** 鉛直下向きに速さ 10m/s で降る雨を，水平方向に走行する電車から見ると，雨滴は鉛直方向から 60° 傾いて落下するように見えた。電車の速さは何 m/s か。$\sqrt{3}=1.73$ として計算せよ。 ➡3

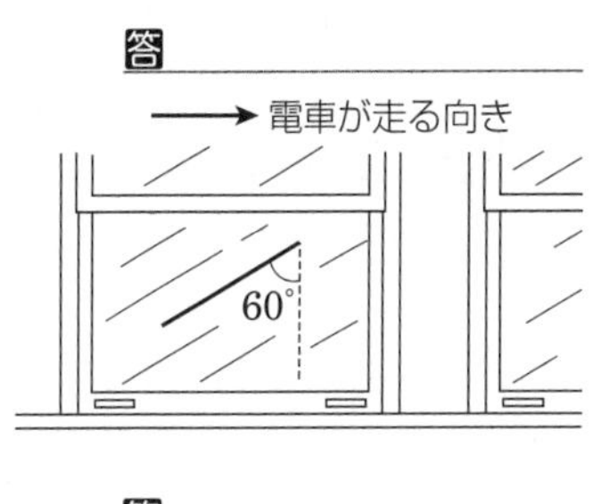

答 ＿＿＿＿＿＿＿＿

チェック
□平面上を運動する物体の速度の合成を理解している。
□平面上を運動する 2 つの物体の相対速度を求めることができる。

●解答編 p.5

加速度と等加速度直線運動

学習のまとめ

1 加速度

(1) 単位時間あたりの速度変化を**加速度**という。時刻 t_1〔s〕，t_2〔s〕における物体の速度をそれぞれ v_1〔m/s〕，v_2〔m/s〕とすると，速度変化は(ア　　　　)〔m/s〕となる。この間の単位時間あたりの速度変化 $\bar{a}$ を(イ　　　　)といい，次式で表される。

$\bar{a}=$ (ウ　　　　)

加速度の単位には(エ　　　　)(記号 m/s^2)が用いられる。ある時刻からの経過時間を十分小さくとったときの $\bar{a}$ を，その時刻における(オ　　　　)，または単に**加速度**という。

(2) $v-t$ グラフ上の2点A，Bを結ぶ直線の傾き $\bar{a}$ は，その区間での(カ　　　　)を表す。また，$v-t$ グラフ上のある点における接線の傾き a は，その時刻での(キ　　　　)を表す。

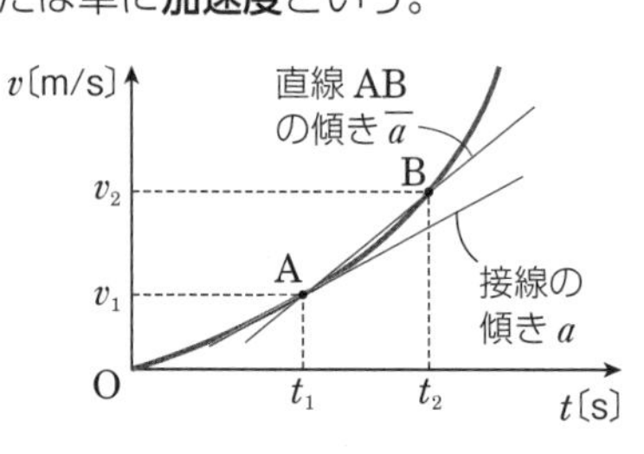

プラス＋
物体に生じる加速度の向きは，速度の向きと同じであるとは限らない。
例えば，右向きに走行する自動車が減速しているとき，加速度は左向きである。また，このとき，自動車の進む向きを正とすると，加速度は負である。

2 等加速度直線運動

(1) 直線上を一定の加速度で進む運動を(ク　　　　)という。その加速度を a〔m/s^2〕，初速度を v_0〔m/s〕とすると，t 秒後における速度 v〔m/s〕，および変位 x〔m〕は，次式で表される。

$v=$ (ケ　　　　)　　$x=$ (コ　　　　)

2式から t を消去すると，

$v^2-v_0{}^2=$ (サ　　　　)

(2) 等加速度直線運動の $v-t$ グラフは，図のような直線となり，その傾きは(シ　　　　)を，斜線部OABCの面積は(ス　　　　)を表す。

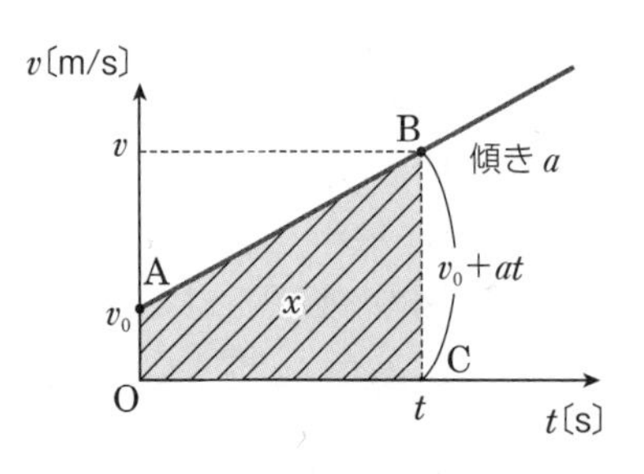

プラス＋
時刻0における速度を初速度という。

確認問題

28. 直線上を正の向きに運動する物体の速度が，10秒間で3.0m/sから7.0m/sに変化した。この間の平均の加速度の大きさは何m/s^{2}か。知識 ➡1

答 ＿＿＿＿＿＿

29. 速度15m/sで進んでいた物体が，運動の向きに4.0m/s^{2}の加速度で等加速度直線運動を始めた。5.0秒後の速さは何m/sか。知識 ➡2

答 ＿＿＿＿＿＿

30. 速度3.0m/sで進んでいた物体が，運動の向きに2.0m/s^{2}の加速度で等加速度直線運動を始めた。4.0秒後の移動距離は何mか。知識 ➡2

答 ＿＿＿＿＿＿

チェック
□物体の速度と加速度の関係を理解している。
□平均の加速度と瞬間の加速度の違いを理解している。

知識

31. **等加速度直線運動**▶ 速度 3.0m/s で進んでいた物体が，正の向きに 2.0m/s^2 の加速度で等加速度直線運動をして，速度が 7.0m/s になった。この間の物体の変位はどちら向きに何 m か。 ➡2

答

知識

32. **等加速度直線運動**▶ 直線上を速さ 12m/s で走っていた自動車が，ブレーキをかけ，進行方向と逆向きに 2.0m/s^2 の加速度で等加速度直線運動をした。次の各問に答えよ。 ➡2

(1) ブレーキをかけてから停止するまでにかかる時間は何秒か。

答

(2) ブレーキをかけてから停止するまでに進む距離は何 m か。

答

知識

33. **等加速度直線運動**▶ 速度 3.0m/s で進んでいた物体が，速度と同じ向きの加速度で等加速度直線運動を始め，4.0m 進んだ地点で速度が 5.0m/s になった。次の各問に答えよ。 ➡2

(1) 物体の加速度の大きさは何 m/s^2 か。

答

(2) 物体が等加速度直線運動を始めてから 40m 進むのは何秒後か。

答

(3) (2)のときの物体の速度は何 m/s か。

答

思考

34. **$v-t$ グラフ**▶ 斜面を下る台車の速度を 0.10 秒ごとに測定した。次の各問に答えよ。 ➡2

(1) 測定結果は下の表のようになった。表を用いて，台車の速度 v〔m/s〕と時間 t〔s〕との関係を表す $v-t$ グラフを描け。

時間〔s〕	0	0.10	0.20	0.30	0.40
速度〔m/s〕	0.20	0.35	0.50	0.65	0.80

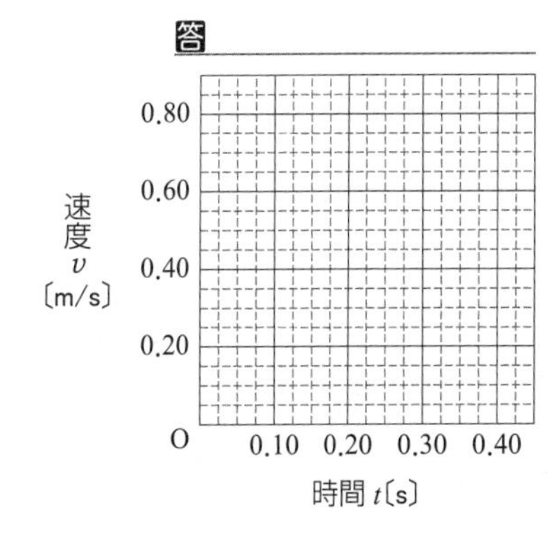

(2) この物体の加速度の大きさは何 m/s^2 か。また，時間 0 から 0.40 秒の間の変位は何 m か。

答 加速度： 変位：

チェック
□等加速度直線運動の式を利用して，物体の速度や変位を求めることができる。
□等加速度直線運動をする物体の速度や変位を，グラフから読み取ることができる。

集中トレーニング ②

等加速度直線運動の計算とグラフ

解答編 p.6

要点

等加速度直線運動の3つの式は，物体の運動を考えるときによく利用される。それぞれの式の性質を理解し，問題に応じて使いこなせるようになろう。

$v=v_0+at$ ……… t 秒後の速度 v を表す式（変位 x の項を含まない式）

$x=v_0t+\frac{1}{2}at^2$ ……… t 秒後の変位 x を表す式（速度 v の項を含まない式）

$v^2-v_0^2=2ax$ ……… 上の2つから時間 t を消去して導かれた式

演習問題

学習日：　　月　　日／学習時間：　　分

次の運動はすべて等加速度直線運動であるとして，以下の各問に答えよ。知識

☑ **35.** 静止していた物体が，右向きに1.5 m/s^2 の加速度で運動を始め，20秒間進んだ。このときの速度は，どちら向きに何m/sか。

答

☑ **36.** 初速度が右向きに6.0m/sの物体が，右向きに4.0m/s^2の加速度の運動を始めた。速度が右向きに16m/sになるのは何秒後か。

答

☑ **37.** 初速度が右向きに14m/sの物体の速度が変化して，5.0秒間で静止した。このときの加速度は，どちら向きに何m/s^2か。

答

☑ **38.** 初速度が右向きに20m/sの物体が，右向きに2.0m/s^2の加速度で3.0秒間進んだ。この間の変位は，どちら向きに何mか。

答

☑ **39.** 初速度が右向きに4.0m/sの物体が，右向きに4.0m/s^2の加速度の運動を始めた。右向きに16m移動するのは何秒後か。

答

☑ **40.** 初速度が右向きに4.0m/sの物体が，右向きに20m進んだところで，速度が右向きに10m/sになった。このときの加速度は，どちら向きに何m/s^2か。

答

☑ **41.** 初速度が右向きに20m/sの物体が，左向きに5.0m/s^2の加速度の運動を始め，静止した。この間の変位は，どちら向きに何mか。

答

☑ **42.** 初速度が右向きに4.0m/sの速度で進んでいた物体が，左向きに2.0m/s^2の加速度の運動を始め，右向きに4.0m移動した。このときの速さは，何m/sか。

答

チェック
□等加速度直線運動の3つの式それぞれの性質を理解している。
□等加速度直線運動の3つの式を問題に応じて使い分け，物体の速度や加速度を求めることができる。

要点

物体の運動は，$a-t$，$v-t$，$x-t$ の各グラフを用いて表される。グラフから読み取ることのできる物理量やそれぞれのグラフの関係を理解し，使いこなせるようになろう。

グラフの特徴　正の等加速度直線運動の場合（$a>0$）

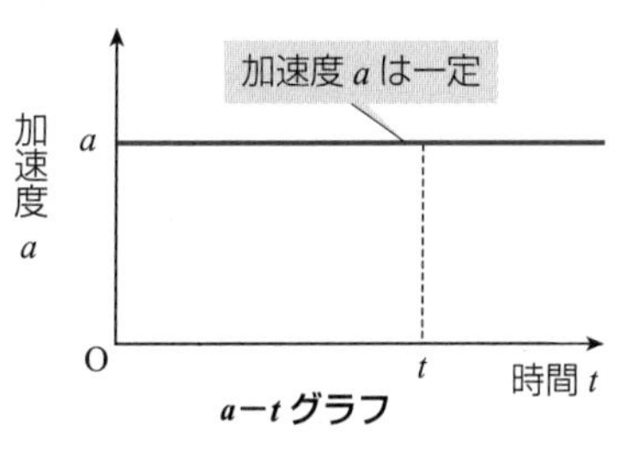

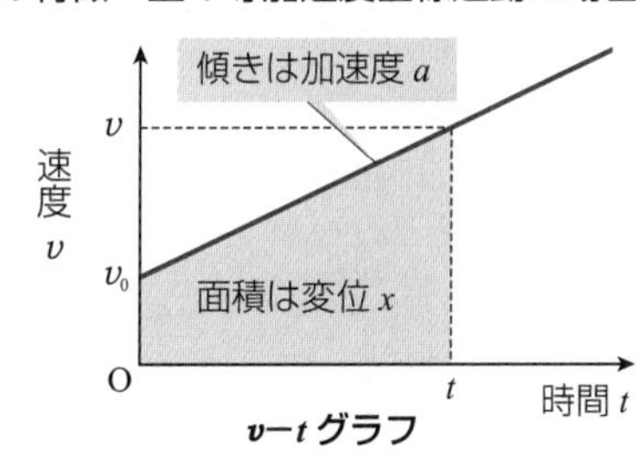

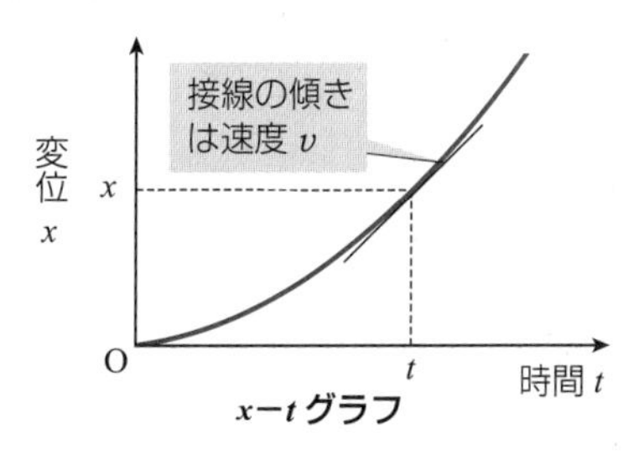

思考

☑ **43. $a-t$ グラフ**▶ 右のグラフは，右向きに等加速度直線運動をしている物体の加速度 a〔m/s^2〕と時間 t〔s〕の関係を表したものである。$t=0.20$s における物体の速度はどちら向きに何 m/s か。ただし，初速度は 0 であるとする。

答 ＿＿＿＿＿＿＿＿

思考

☑ **44. $v-t$ グラフ**▶ 右のグラフは x 軸上で等加速度直線運動をしている物体の速度 v〔m/s〕と時間 t〔s〕の関係を表したものである。次の各問に答えよ。

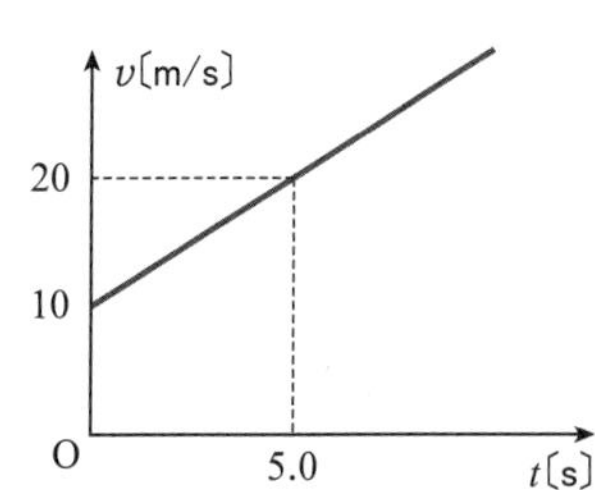

(1) 物体の加速度の大きさは何 m/s^2 か。

答 ＿＿＿＿＿＿＿＿

(2) $t=5.0$s における物体の変位は何 m か。

答 ＿＿＿＿＿＿＿＿

思考

☑ **45. $v-t$ グラフの作図**▶ 初速度が右向きに 2.0m/s の物体が，等加速度直線運動をしている。$t=2.0$s における物体の速度は，右向きに 6.0 m/s だった。右向きを正として，この運動のようすを，右のグラフの範囲で作図せよ。

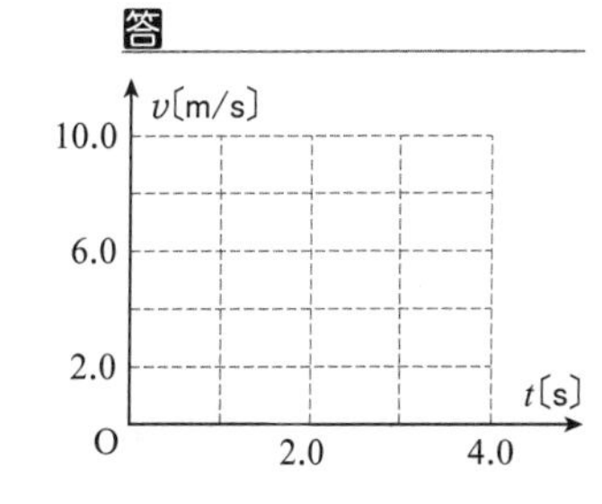

思考

☑ **46. $x-t$ グラフ**▶ 右のグラフは x 軸上で等加速度直線運動をしている物体A，Bの変位 x〔m〕と時間 t〔s〕の関係をそれぞれ表したものである。$t=2.0$s において，速度が大きいのは図①，図②のうちどちらか。

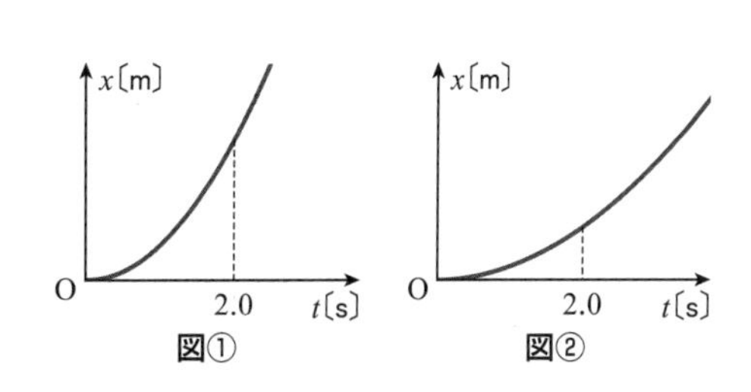

答 ＿＿＿＿＿＿＿＿

チェック
□等加速度直線運動に関するグラフから，加速度や変位，速度などの物理量を読み取ることができる。
□等加速度直線運動に関するグラフを描くことができる。

5 自由落下と鉛直投射

学習のまとめ

1 落下の加速度

空気抵抗を無視できる場合，落下する物体は，その(ア　　　　　　)に関係なく，同じ加速度で落下する。この加速度は(イ　　　　　　)とよばれ，その大きさは記号 g で表される。g の値は，地球上ではほぼ(ウ　　　　　　)m/s^2 である。

本書では，特にことわらない限り，空気抵抗は無視できるものとする。

2 自由落下

物体が，重力だけを受けて，静止した状態から鉛直下向きの加速度 g〔m/s^2〕で落下する運動を(エ　　　　　　)という。自由落下をし始めた位置を原点とし，鉛直下向きを正として y 軸をとると，落下し始めてから t 秒後の速度 v〔m/s〕，位置 y〔m〕は，次式で表される。

$v=($オ　　　　　　$)$

$y=\Big($カ　　　　　　$\Big)$

$v^2=($キ　　　　　　$)$

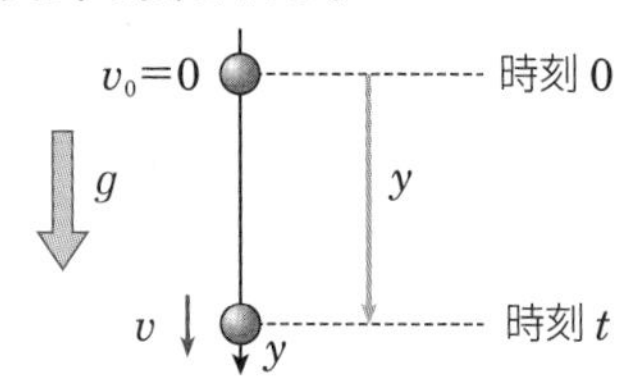

プラス
等加速度直線運動の 3 つの式に，$v_0=0$，$a=g$，$x=y$ を代入することによって，自由落下の式が得られる。

3 鉛直投げおろし

初速度 v_0〔m/s〕で鉛直下向きに物体を投げおろす。投げおろした位置を原点とし，鉛直下向きを正として y 軸をとると，投げおろしてから t 秒後の速度 v〔m/s〕，位置 y〔m〕は，次式で表される。

$v=($ク　　　　　　$)$

$y=\Big($ケ　　　　　　$\Big)$

$v^2-v_0{}^2=($コ　　　　　　$)$

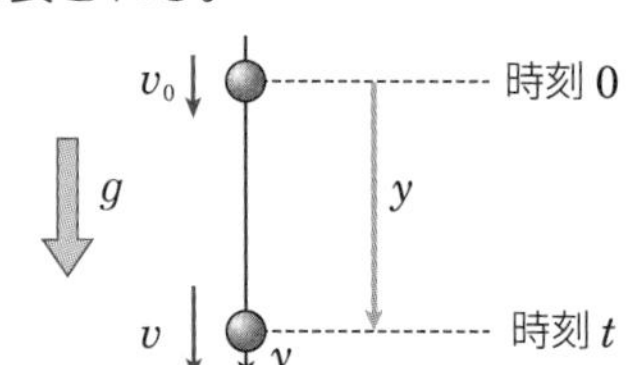

プラス
鉛直投げ上げでは，鉛直上向きを正としているので，加速度が $-g$ になる。

4 鉛直投げ上げ

初速度 v_0〔m/s〕で鉛直上向きに物体を投げ上げる。投げ上げた位置を原点とし，鉛直上向きを正として y 軸をとると，投げ上げてから t 秒後の速度 v〔m/s〕，位置 y〔m〕は，次式で表される。

$v=($サ　　　　　　$)$

$y=\Big($シ　　　　　　$\Big)$

$v^2-v_0{}^2=($ス　　　　　　$)$

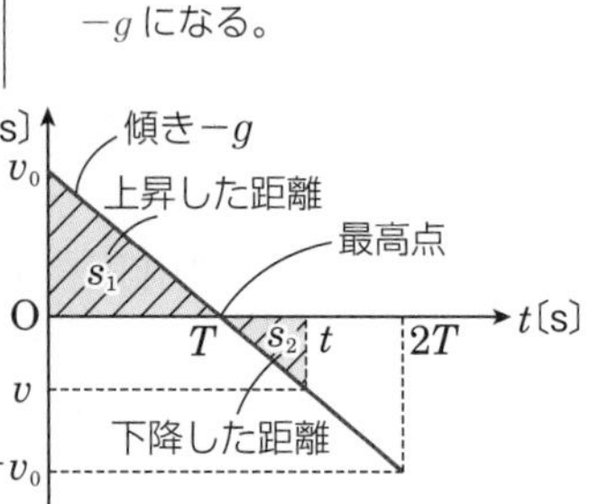

確認問題

本テーマ(p.12〜13)の問題では，重力加速度の大きさは 9.8m/s^2 とする。

47. 小球を自由落下させる。落下し始めてから 1.0 秒間で何 m 落下するか。知識 ➡2

答 ＿＿＿＿＿＿

48. 鉛直下向きに速さ 3.0m/s で小球を投げおろした。0.50 秒後の速さは何 m/s か。知識 ➡3

答 ＿＿＿＿＿＿

49. 鉛直上向きに速さ 40m/s で投げ上げた小球の 1.5 秒後の速さは何 m/s か。知識 ➡4

答 ＿＿＿＿＿＿

チェック
□落下する物体の運動と重力加速度の関係を理解している。
□自由落下の式を利用して，物体の速度や位置を求めることができる。

知識

50. 自由落下▶ 高さ 19.6m のビルの屋上から，小球を静かにはなした。次の各問に答えよ。 ➡2

(1) 小球が地面に達するまでにかかる時間は何秒か。

答

(2) 地面に達する直前の小球の速さは何 m/s か。

答

知識

51. 鉛直投げおろし▶ 高さ 39.6m のつり橋の上から鉛直下向きにある初速度で小球を投げおろすと，2.0 秒後に水面に達した。小球の初速度の大きさは何 m/s か。また，水面に達する直前の小球の速さは何 m/s か。 ➡3

答 初速度：　速さ：

思考

52. 鉛直投げ上げ▶ 地面から鉛直上向きに小球を投げ上げたところ，2.0 秒後に最高点に達し，その後，地面にもどってきた。次の各問に答えよ。 ➡4

(1) 小球の初速度の大きさは何 m/s か。また，小球が達する最高点の高さは何 m か。

答 初速度：　高さ：

(2) 小球が再び地面にもどるのは，投げ上げてから何秒後か。また，地面に達する直前の小球の速さは何 m/s か。

答 時間：　速さ：

(3) 小球を投げ上げてから，地面にもどるまでの小球の速度 v〔m/s〕と時間 t〔s〕の関係を示す $v-t$ グラフと，小球の加速度 a〔m/s^2〕と時間 t〔s〕の関係を示す $a-t$ グラフを描け。ただし，鉛直上向きを正とする。

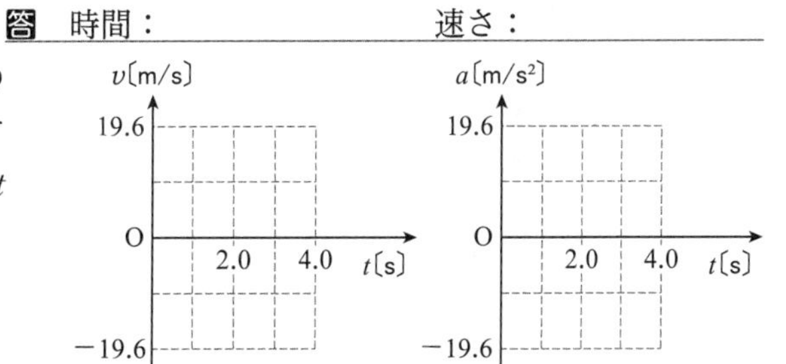

知識

53. 鉛直投げ上げ▶ 高さ 98m のビルの屋上から，鉛直上向きに速さ 4.9 m/s で小球を投げ上げた。 ➡4

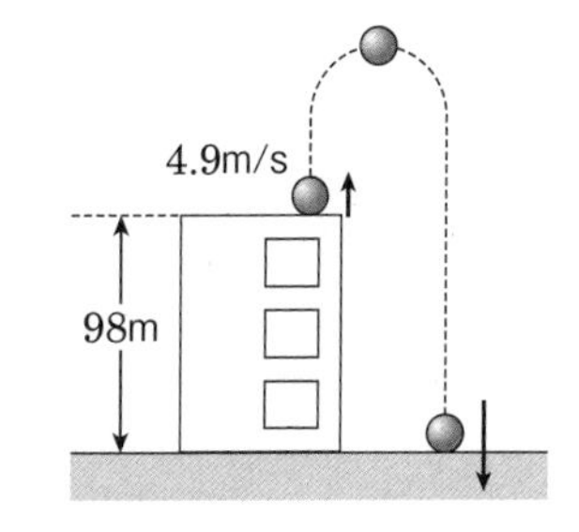

(1) 小球が達する最高点の高さは，地上から何 m か。

答

(2) 小球が地面に達するまでにかかる時間は何秒か。

答

チェック
□鉛直投げおろしの式を利用して，物体の速度や位置を求めることができる。
□鉛直投げ上げの式を利用して，物体の速度や位置を求めることができる。

6 水平投射と斜方投射

学習のまとめ

1 水平投射

物体を水平方向に投げ出すと，曲線を描いて落下していく。この運動では，小球は，水平方向には(ア　　　　　)運動をしている。また，鉛直方向には(イ　　　　　　)と同じ運動をしている。

2 水平投射の式 発展

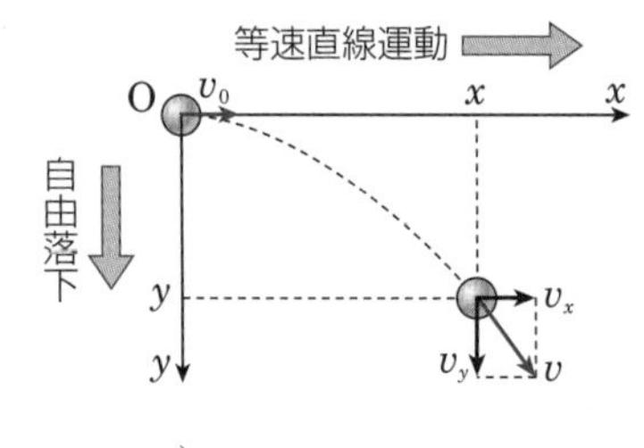

水平方向に速さ v_0 で物体を投げ出す。初速度の向きに x 軸，鉛直下向きに y 軸をとる。投げ出してから t 秒後の物体の速度の水平成分 v_x と位置 x は，次式で表される。

$v_x=$(ウ　　　　)　　$x=$(エ　　　　)

また，投げ出してから t 秒後の物体の速度の鉛直成分 v_y と変位 y は，次式で表される。

$v_y=$(オ　　　　)　　$y=$(カ　　　　　)

3 斜方投射 発展

物体を斜めに投げ上げると，曲線を描いて飛んでいく。この運動では，小球は，水平方向には(キ　　　　　)運動をしている。また，鉛直方向には(ク　　　　　　)と同じ運動をしている。

プラス＋
水平投射，斜方投射された物体の運動を放物運動，その物体が描く軌道を放物線という。

4 斜方投射の式 発展

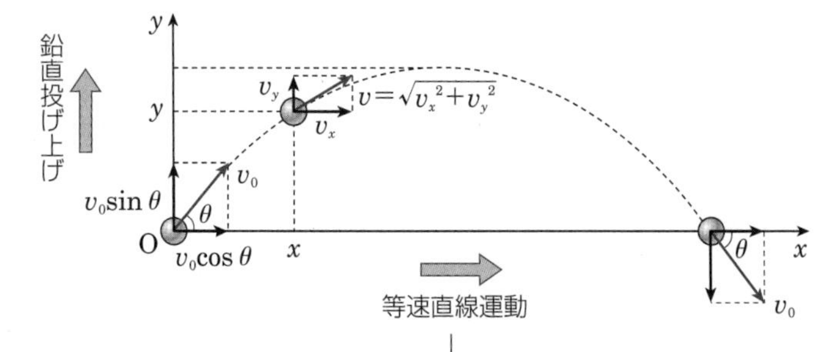

水平となす角が θ の向きに速さ v_0 で物体を投げ上げる。初速度の向きに x 軸，鉛直上向きに y 軸をとる。物体は，水平方向には初速度 $v_0\cos\theta$ の等速直線運動をし，投げ上げてから t 秒後の速度の水平成分 v_x と位置 x は，次式で表される。

$v_x=$(ケ　　　　　　)　　$x=$(コ　　　　　　　)

鉛直方向には，初速度 $v_0\sin\theta$ の鉛直投げ上げと同じ運動をし，投げ出してから t 秒後の速度の鉛直成分 v_y と位置 y は，次式で表される。

$v_y=$(サ　　　　　　)　　$y=$(シ　　　　　　　　)

確認問題

本テーマ(p.14〜15)の問題では，重力加速度の大きさは $9.8\,\mathrm{m/s^2}$ とする。

54. ビルの屋上から小球を静かにはなしたところ，2.0 秒後に地面に達した。同じビルの屋上から水平方向に小球を投げ出したとき，地面に達するのは何秒後か。知識　➡1

答 ____________

55. 発展　斜め上方に投げ上げられた物体の運動を観察すると，鉛直下向きに一定の加速度をもっていた。この加速度の大きさは何 $\mathrm{m/s^2}$ か。知識　➡3

答 ____________

チェック
□水平方向に投げ出された物体がする運動の特徴を理解している。
□水平投射の式を利用し，物体の速度や位置を求めることができる。

練習問題

学習日：　　月　　日／学習時間：　　分

知識 発展

56. 水平投射▶ 高さ 44.1m のビルの屋上から，水平方向に速さ 20m/s で小球を投げ出した。 ➡2

(1) 小球が地面に達するまでにかかる時間は何秒か。

答 ＿＿＿＿＿＿

(2) 小球が地面に達するまでに進む水平距離は何 m か。

答 ＿＿＿＿＿＿

知識 発展

57. 水平投射▶ 海面からの高さが 19.6m の崖の上から，水平方向に小球を投げ出したところ，水平距離 29.4m はなれた海面に落下した。次の各問に答えよ。 ➡2

(1) 小球が海面に達するまでにかかる時間は何秒か。

答 ＿＿＿＿＿＿

(2) 小球の初速度の大きさは何 m/s か。

答 ＿＿＿＿＿＿

(3) 海面に達する直前の小球の速さは何 m/s か。

答 ＿＿＿＿＿＿

知識 発展

58. 斜方投射▶ 地面から，水平となす角が 45° の向きに小球を投げ上げたところ，2.0 秒後に最高点に達した。次の各問に答えよ。ただし，$\sqrt{2}=1.41$ とする。 ➡4

(1) 小球の初速度の大きさは何 m/s か。

答 ＿＿＿＿＿＿

(2) 小球が地面に達するまでにかかる時間は何秒か。

答 ＿＿＿＿＿＿

(3) 小球が地面に達するまでに進む水平距離は何 m か。

答 ＿＿＿＿＿＿

チェック
□斜めに投げ上げられた物体がする運動の特徴を理解している。
□斜方投射の式を利用し，物体の速度や位置を求めることができる。

●解答編 p.9

7 いろいろな力

学習のまとめ

1 力の表し方

物体が力を受ける点を(ア　　　　　)，力の方向に引いた線を(イ　　　　)という。

2 質量と重力

物体にはたらく重力の大きさを，その物体の(ウ　　　　　)という。地球上で質量 m〔kg〕の物体が受ける重力の大きさ W〔N〕は，重力加速度の大きさ g を比例定数として，次式で表される。

$W=$(エ　　　　　　)

3 面からはたらく力

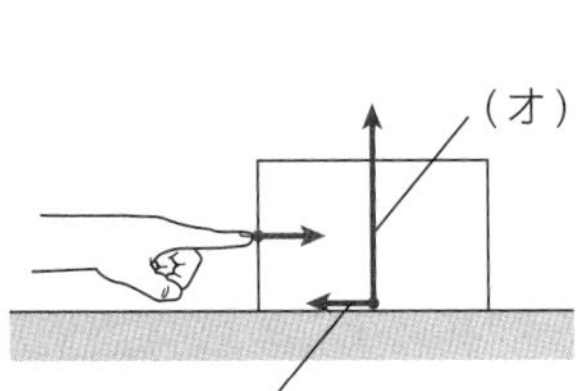

物体が，接触する面から垂直に受ける力を(オ　　　　　　)という。また，物体が接触する面と平行な方向にはたらき，物体の運動を妨げようとする力を(カ　　　　　　)という。この力には，面に対して静止している物体にはたらく(キ　　　　　　　)と，運動している物体にはたらく(ク　　　　　　)がある。

4 糸の張力

糸が物体を引く力を，糸の(ケ　　　　　)といい，糸の張る方向にはたらく。

5 弾性力とフックの法則

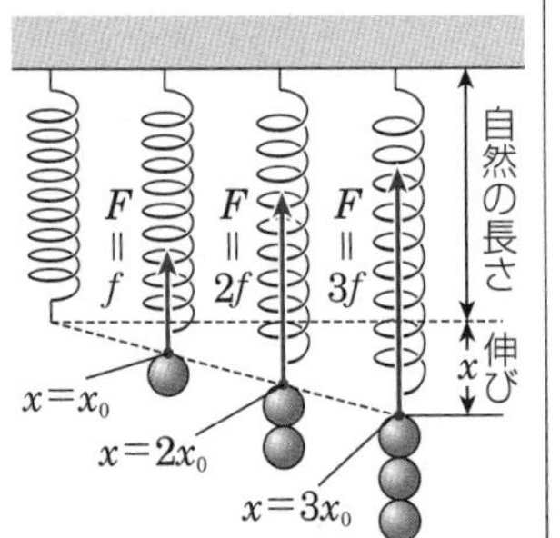

伸びたり縮んだりしたばねが自然の長さにもどろうとして物体におよぼす力を，ばねの(コ　　　　　)という。その大きさ F〔N〕は，ばねが伸びた(または縮んだ)長さ x〔m〕に比例する。これを(サ　　　　　　　　)といい，比例定数を k〔N/m〕として，

$F=$(シ　　　　　　)

と表される。この比例定数 k を(ス　　　　　　)といい，その単位には(セ　　　　　　　　　　　)(記号 N/m)が用いられる。

プラス＋
力は大きさと向きをもつ量(ベクトル)である。

プラス＋
重力，静電気力，磁気力のように，力には，物体と接触していなくても空間を隔ててはたらくものがある。

確認問題

本テーマ(p.16〜17)の問題では，重力加速度の大きさは $9.8\,\mathrm{m/s^2}$ とする。

☑ **59.** 質量 2.0kg の物体の重さは何 N か。知識 ➡2

答 ____________

☑ **60.** ばね定数 10N/m のばねを 0.50m 伸ばすのに必要な力の大きさは何 N か。知識 ➡5

答 ____________

チェック
□物体の質量と受ける重力の大きさとの関係を理解している。
□垂直抗力と摩擦力の特徴を理解している。

知識

61. 力の図示▶ 次の(1)～(4)の物体が受けている力をすべて図中に矢印で示せ。 ➡1～5

(1) バットで打たれて飛んでいるボール　(2) 水平面上で静止している物体　(3) ばねにつり下げられて静止している物体　(4) 粗い水平面上を糸で引かれている物体

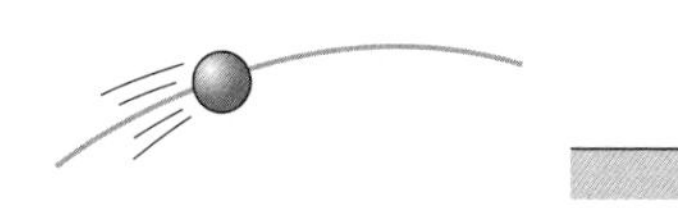

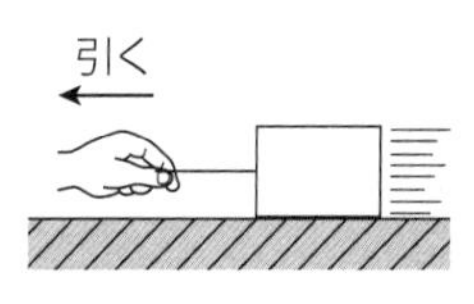

知識

62. 重さと質量▶ 質量 60kg の物体の，月面上での重さは何 N か。ただし，月面上の重力加速度の大きさは，地球上の $\frac{1}{6}$ とする。 ➡2

答

知識

63. ばねの弾性力▶ ばね定数が 10N/m で，自然の長さが 20cm のばねの一端を壁に固定し，ばねを水平方向に 0.50N の力で押し縮めた。ばねの長さは何 cm になるか。 ➡5

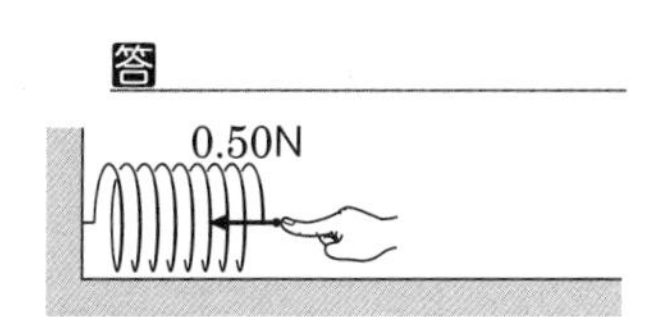

答

思考

64. ばねの弾性力▶ あるばねについて，弾性力 F〔N〕とばねの伸び x〔m〕との関係を調べたところ，表のような結果が得られた。次の各問に答えよ。 ➡5

x〔m〕	0.20	0.40	0.60	0.80
F〔N〕	0.50	1.0	1.5	2.0

(1) 力の大きさ F〔N〕とばねの伸び x〔m〕との関係をグラフに示せ。

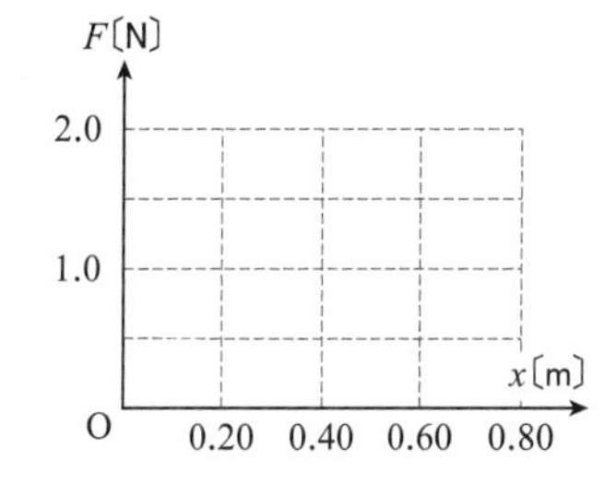

(2) このばねのばね定数は何 N/m か。

答

思考

65. ばねの弾性力▶ 図は，2つのばねA，Bについて，弾性力 F〔N〕とばねの伸び x〔m〕との関係を示す F−x グラフである。次の各問に答えよ。 ➡5

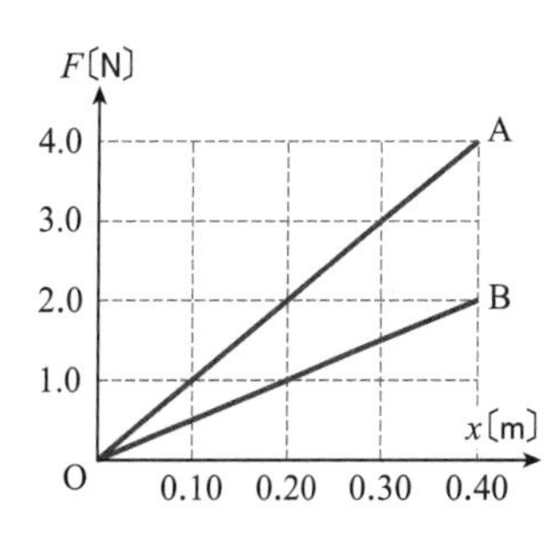

(1) ばね定数は，ばねA，Bのどちらが大きいか。理由とともに答えよ。

答　理由：

(2) ばねAを手で引き，自然の長さから 0.50m 伸ばした。このとき，手がばねから受ける力の大きさは何 N か。

答

チェック
□糸の張力の特徴を理解している。
□ばねの弾性力の特徴，およびフックの法則を理解している。

●解答編 p.10

力の合成・分解と力のつりあい

学習のまとめ

1 力の合成

2つの力$\vec{F_1}$，$\vec{F_2}$と同じはたらきをする1つの力$\vec{F}$を$\vec{F_1}$と$\vec{F_2}$の(ア　　　)といい，$\vec{F}$を求めることを(イ　　　)という。$\vec{F}$は(ウ　　　)の法則によって求めることができる。逆に$\vec{F}$を$\vec{F_1}$と$\vec{F_2}$に分けることを(エ　　　)といい，$\vec{F_1}$と$\vec{F_2}$を$\vec{F}$の(オ　　　)という。

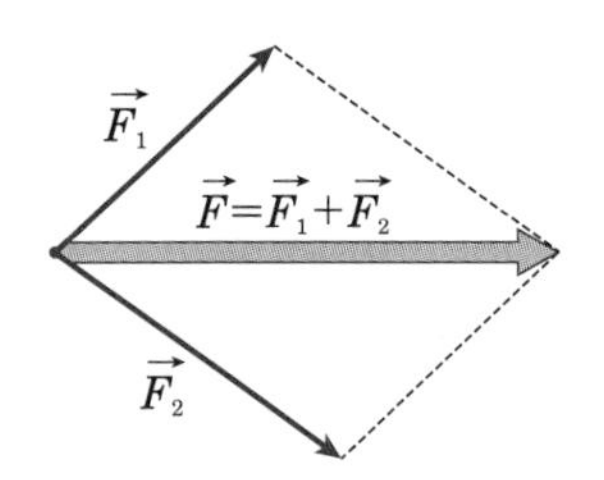

プラス＋
一般に，2つのベクトル$\vec{F_1}$，$\vec{F_2}$を合成したベクトル$\vec{F}$は，$\vec{F_1}$，$\vec{F_2}$を2辺とする平行四辺形の対角線として求めることができる。

2 力の分解

力$\vec{F}$を，互いに垂直なx軸，y軸の2方向に分解する。分力$\vec{F_x}$，$\vec{F_y}$の大きさに，向きを示す正，負の符号をつけたF_x，F_yをそれぞれ$\vec{F}$の(カ　　　)，(キ　　　)という。力の大きさFは，三平方の定理から，F_x，F_yを用いて，次式で表される。

$F=($ク　　　$)$

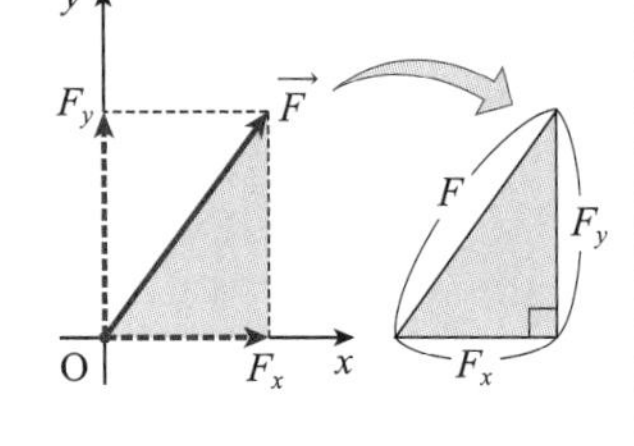

プラス＋
図のような力のx成分F_xとy成分F_yは三角比を用いると次のように表すことができる。

$F_x=F\cos\theta$
$F_y=F\sin\theta$

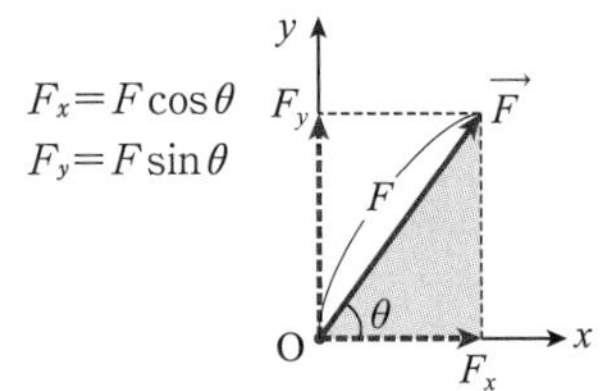

3 力のつりあい

1つの物体に2つの力$\vec{F_1}$，$\vec{F_2}$がはたらいてつりあうとき，$\vec{F_1}$，$\vec{F_2}$は同一の作用線上にあり，その向きは互いに(ケ　　　)で，大きさが(コ　　　)。1つの物体に3つの力$\vec{F_1}$，$\vec{F_2}$，$\vec{F_3}$がはたらいてつりあうとき，任意の2つの力の合力は，残りの1つの力と大きさが等しく，その向きは(サ　　　)である。また，3つの力のx成分，y成分それぞれの和は，(シ　　　)になる。

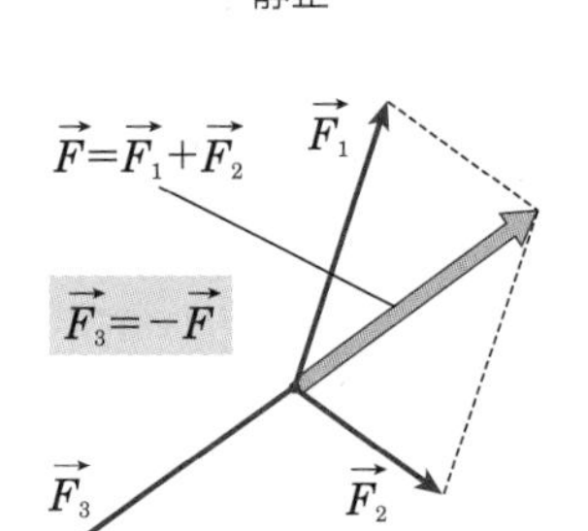

プラス＋
1つの物体にいくつかの力がはたらいて，物体が静止し続けるとき，それらの力はつりあっているという。

確認問題

66. 2つの力$\vec{F_1}$，$\vec{F_2}$の合力を図示せよ。　知識 ➡1

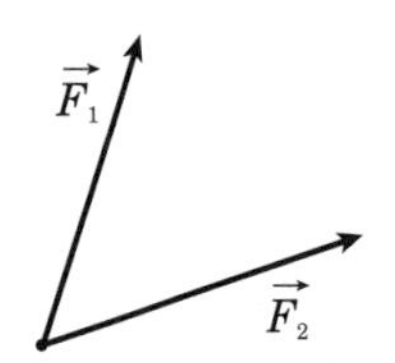

67. 物体が受ける合力の大きさは何Nか。　知識 ➡1

答 ＿＿＿＿

68. 物体が受ける合力の大きさは何Nか。$\sqrt{2}=1.41$として計算せよ。　知識 ➡1

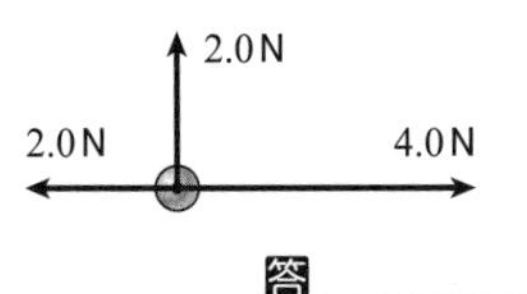

答 ＿＿＿＿

69. 力$\vec{F}$をx軸，y軸の2方向に分解し，分力を図示せよ。　知識 ➡2

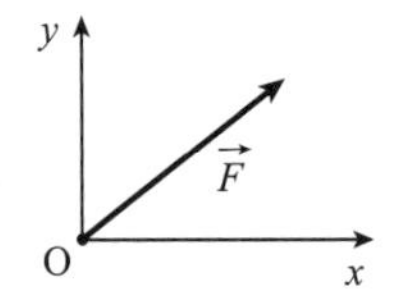

チェック
□力の合成を理解し，平行四辺形の法則を利用して合力を求めることができる。
□互いに垂直な2つの方向に力を分解し，力の成分を求めることができる。

練習問題

学習日：　　月　　日／学習時間：　　分

知識

☑ **70. 力の分解**▶ (1)，(2)の力を破線の x 軸，y 軸の方向に分解し，x 成分，y 成分の大きさを求めよ。ただし，$\sqrt{3}=1.73$ とする。 ➡2

(1)

答 x：

y：

(2)

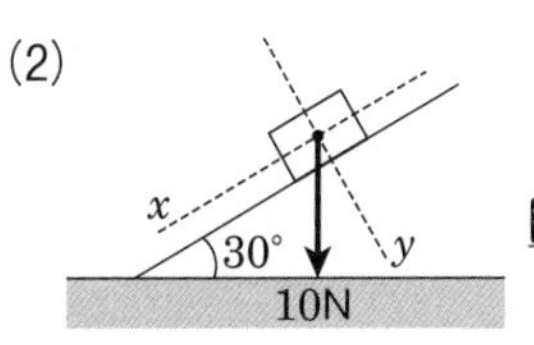

答 x：

y：

知識

☑ **71. 力のつりあい**▶ 質量 3.0kg の物体を，軽い糸で天井からつり下げ，静止させた。重力加速度の大きさを $9.8\mathrm{m/s^2}$ とする。 ➡3

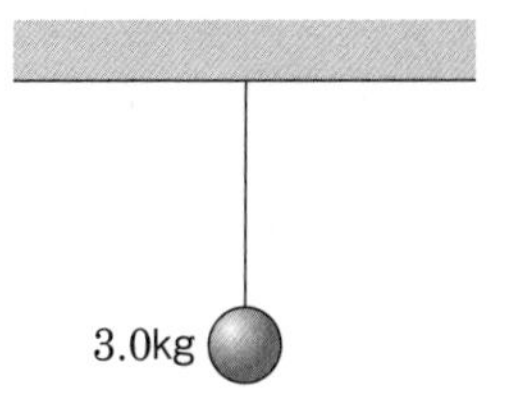

(1) 物体の重さは何 N か。

答

(2) 糸の張力の大きさは何 N か。

答

思考

☑ **72. 力のつりあい**▶ 重さ 4.0N の物体をばねにつるし，机に置いた。ばねの自然の長さは 0.20m，ばね定数は 20N/m である。 ➡3

(1) ばねを鉛直上向きにゆっくりと引き，その長さが 0.30m になった。このとき，物体が机から受ける垂直抗力の大きさは何 N か。

答

(2) ばねを鉛直上向きに引く力をさらに大きくしていく。物体が机からはなれるときのばねの長さは何 m か。

答

知識

☑ **73. 力のつりあい**▶ 図のように，重さが 2.0N の物体を糸でつった。(1)，(2)の物体にはたらく力をすべて図示し，糸 1，2 の張力の大きさを求めよ。ただし，$\sqrt{2}=1.41$ とする。 ➡3

(1)

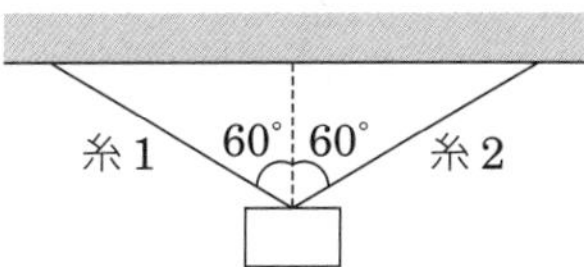

答 糸1：　　　糸2：

(2)

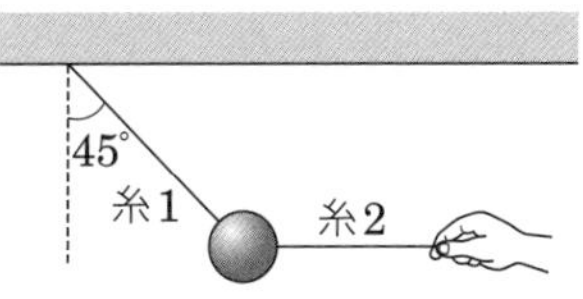

答 糸1：　　　糸2：

知識

☑ **74. 力のつりあい**▶ 傾斜角 30° のなめらかな斜面上で，質量 m のおもりが軽い糸でつながれて静止している。重力加速度の大きさを g とする。糸の張力の大きさ T，おもりが斜面から受ける垂直抗力の大きさ N を，m，g を用いて表せ。ただし，答えは分数のままでよく，ルートをつけたままでよい。 ➡3

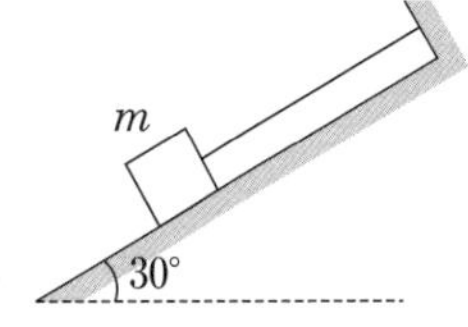

答 T：　　　N：

チェック
□ 2 つの力のつりあいを理解し，つりあいの式を立てることができる。
□ 3 つの力のつりあいを理解し，つりあいの式を立てることができる。

力の合成・分解の練習

解答編 p.12

要点

力はベクトルであり，大きさと向きをあわせもつ量である。ベクトルの性質を理解し，力の合成・分解をマスターしよう。

●力の合成　一直線上にない 2 つの力 $\vec{F_1}$，$\vec{F_2}$ を合成するには，図 1 のような方法を用いる。3 つの力を合成するには，3 つのうち 2 つの力の合力をまず求め，その合力を残る 1 つの力と合成するとよい。

●力の分解　力を分解するには，力の合成と逆の方法が用いられる。力は，任意の 2 つの方向に分解することができる(図 2)。

〈力の成分〉 力 $\vec{F}$ を互いに垂直な x 軸，y 軸の 2 方向に分解したとき(図 3)，分力 $\vec{F_x}$，$\vec{F_y}$ の大きさに，向きを示す正，負の符号をつけたものが，それぞれ $\vec{F}$ の x 成分，y 成分である。

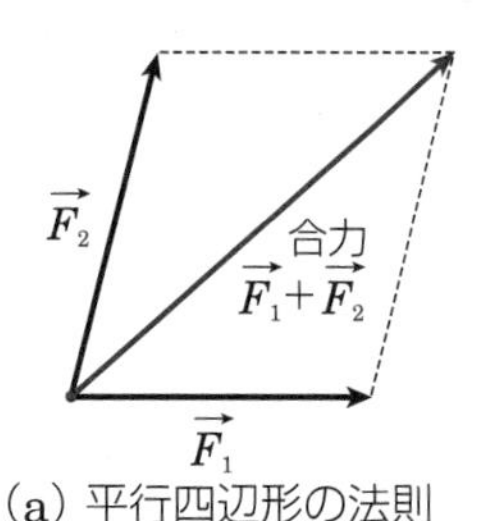

(a) 平行四辺形の法則　(b) 三角形による方法

図 1　力の合成

図 2　力の分解

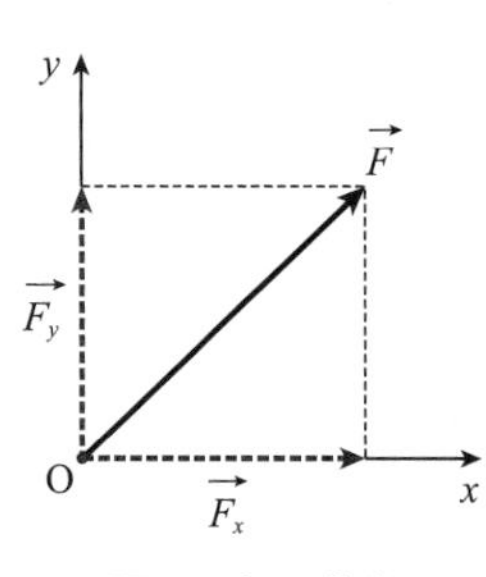

図 3　力の成分

演習問題

学習日：　　月　　日／学習時間：　　分

知識

☑ **75. 力の合成**▶ (1)～(4)に示された力の合力を図示し，その大きさを求めよ。ただし，1 目盛りは 1.0N を表す。

(1)

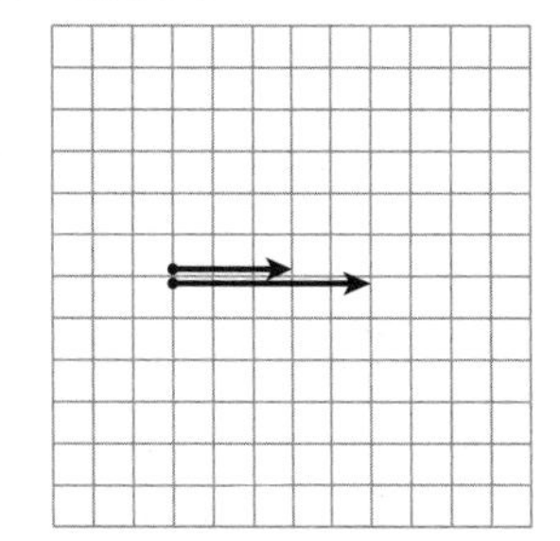

答

(3)

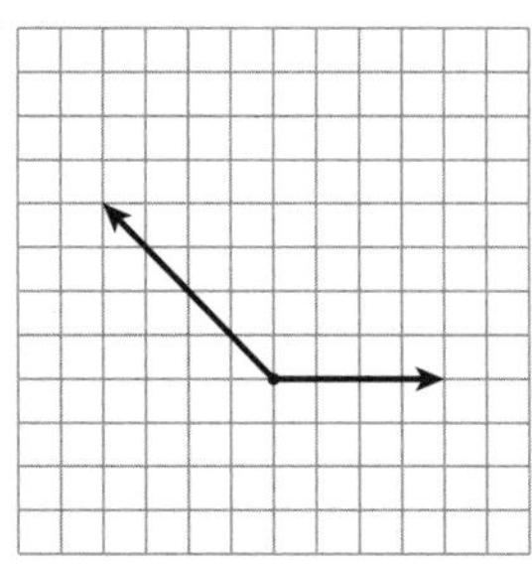

答

(2)

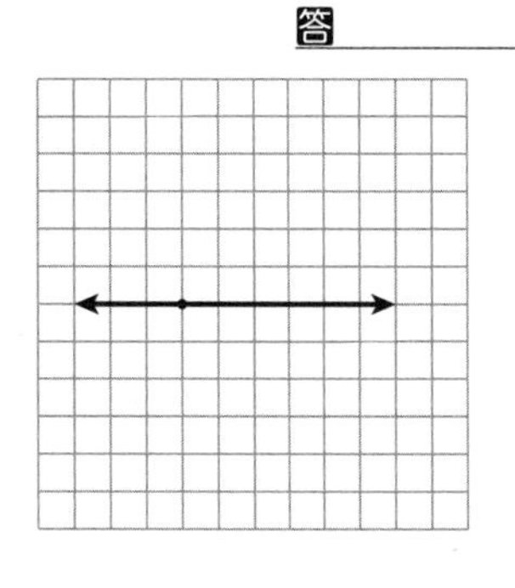

答

(4)

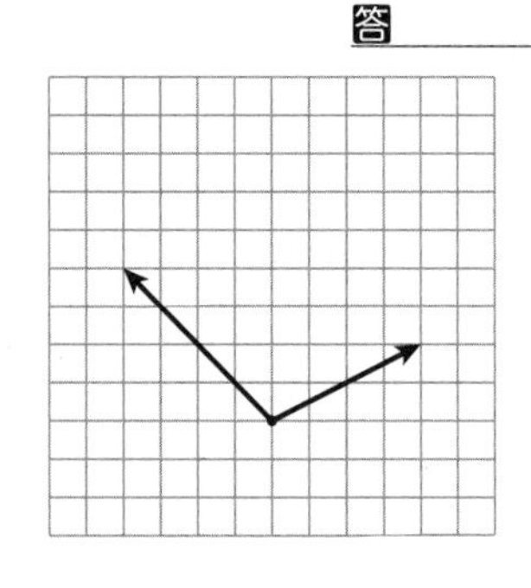

答

チェック
□さまざまな力の合力を作図し，その大きさを求めることができる。
□力の分解を理解し，さまざまな力の分力を作図することができる。

知識

76. 力の分解▶ (1)〜(3)に示された力を，破線で示した2つの方向に分解し，分力を図示せよ。

(1)

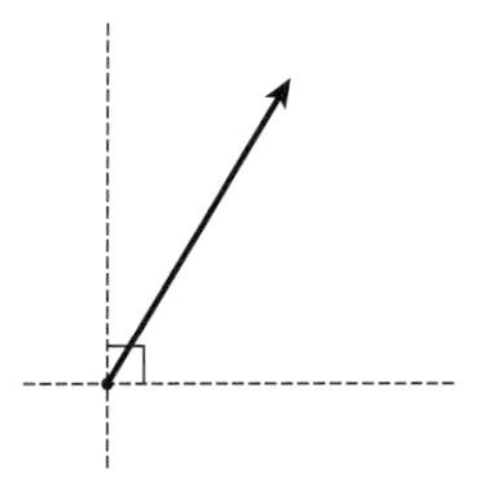

(2)

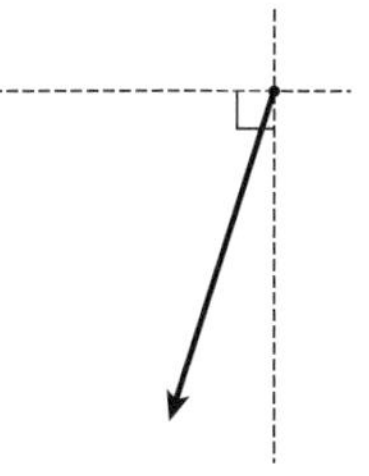

(3)

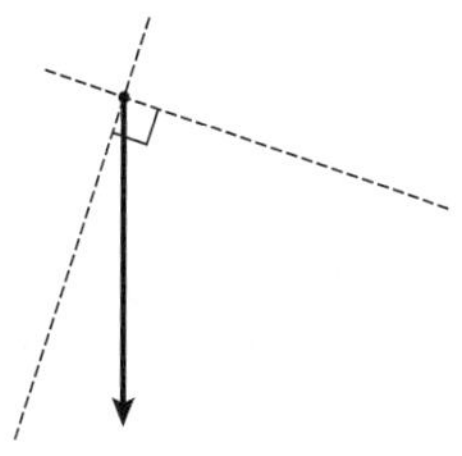

知識

77. 力の成分▶ (1)〜(3)の力の x 成分，y 成分はそれぞれ何Nか。ただし，1目盛りは1.0Nを表す。

(1)

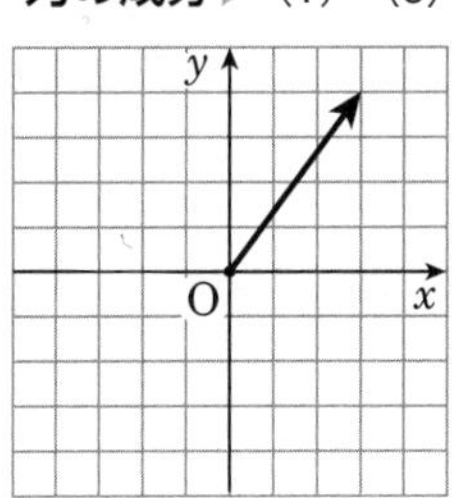

(2)

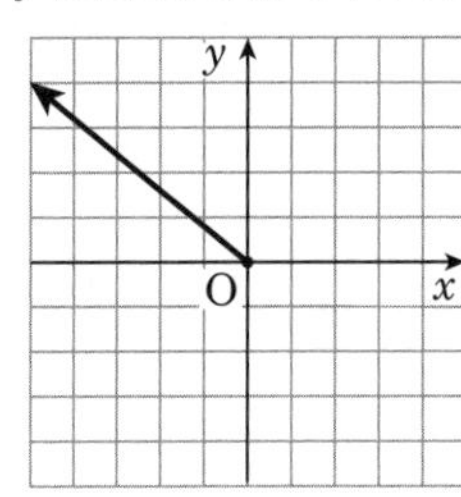

(3)

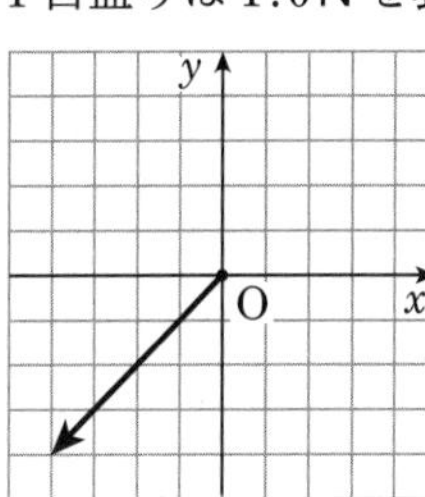

答 x：　　y：

答 x：　　y：

答 x：　　y：

知識

78. 合力と力の成分▶ (1)，(2)に示された3つの力 $\vec{F_1}$，$\vec{F_2}$，$\vec{F_3}$ の合力 $\vec{F}$ の x 成分，y 成分はそれぞれ何Nか。また，$\vec{F}$ の大きさ F は何Nか。ただし，1目盛りは1.0Nを表す。

(1)

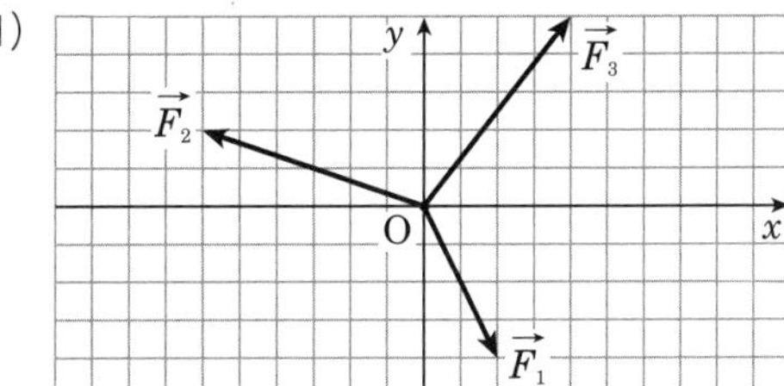

(2)

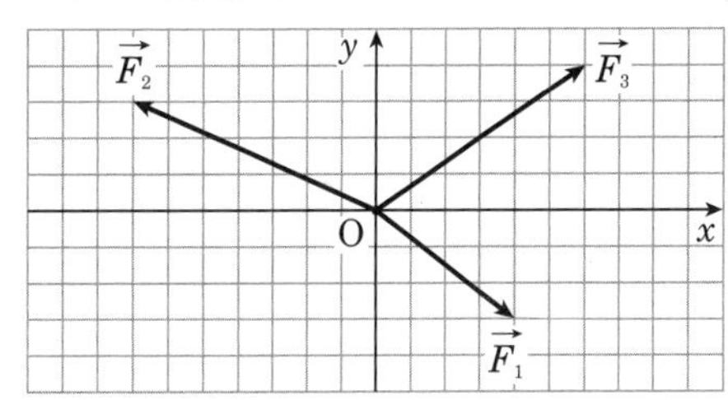

答 x：　　y：　　F：

答 x：　　y：　　F：

知識

79. 3つの力のつりあい▶ (1)，(2)の図において，点Oにはたらく力の合力が0となるように，3つめの力を図中に矢印で示せ。

(1)

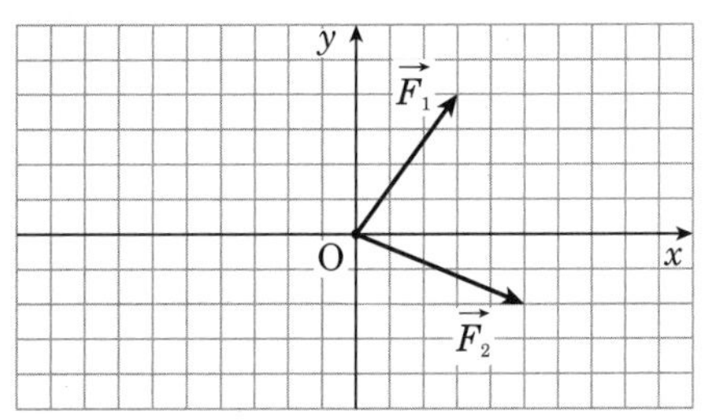

(2)

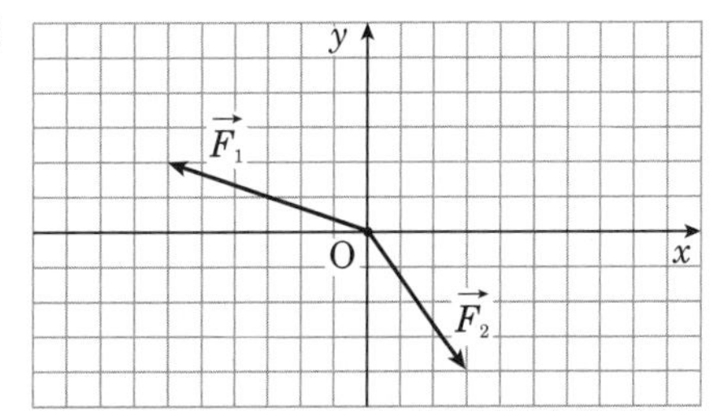

チェック
□力の成分に正負があることを理解し，さまざまな力の成分を求めることができる。
□3つの力の合成やつりあいを考えることができる。

集中トレーニング ④ 直角三角形と三角比

解答編 p.13

要点

力を分解し，力の成分を求めるには，直角三角形の辺の長さの比を用いることもできる。

❶直角三角形の辺の長さの比

直角三角形では，直角以外の1つの角度が定まれば，3つの辺の長さの比が決まる。これを利用して，力の成分を考えることができる。

辺の長さの比を示す

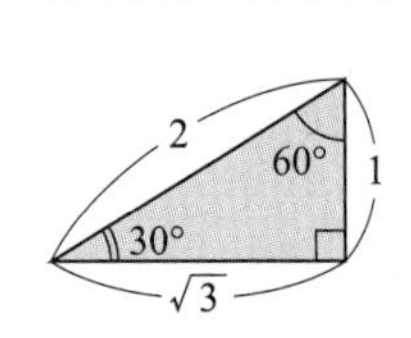

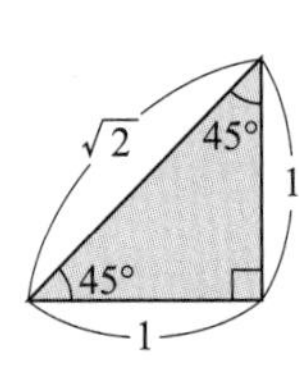

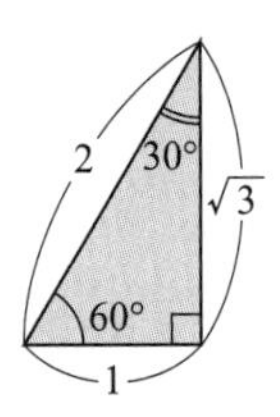

【例】図の力 F の x 成分 F_x，y 成分 F_y は，次のように求められる。

x成分　$F:F_x=2:\sqrt{3}$ から，$\sqrt{3}F=2F_x$ であり，

$F_x=\dfrac{\sqrt{3}}{2}F=\dfrac{1.73}{2}\times40=34.6\,\mathrm{N}$　**35 N**

y成分　$F:F_y=2:1$ から，$F=2F_y$ であり，

$F_y=\dfrac{1}{2}F=\dfrac{1}{2}\times40=$ **20 N**

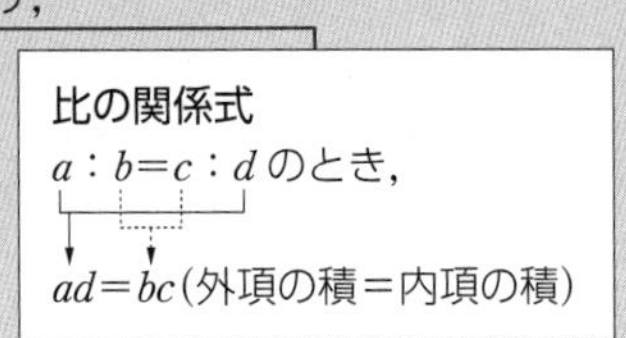

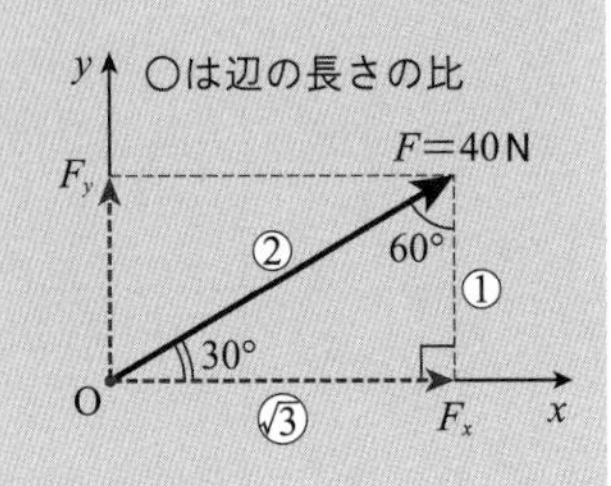

❷三角比

直角三角形 ABC の辺の長さの比，$\dfrac{y}{r}$，$\dfrac{x}{r}$，$\dfrac{y}{x}$ を，それぞれ∠A の**正弦**（**サイン**），**余弦**（**コサイン**），**正接**（**タンジェント**）といい，$\sin\theta$，$\cos\theta$，$\tan\theta$ と表される。

$$\boldsymbol{\sin\theta=\frac{y}{r}}\qquad\boldsymbol{\cos\theta=\frac{x}{r}}\qquad\boldsymbol{\tan\theta=\frac{y}{x}}$$

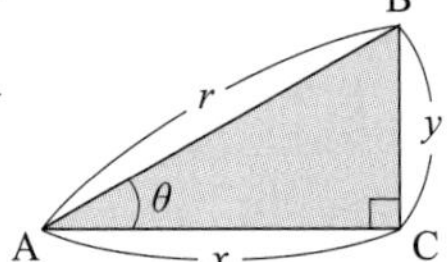

よく用いられる三角比の値

	0°	30°	45°	60°	90°
sin	0	$\frac{1}{2}$	$\frac{1}{\sqrt{2}}$	$\frac{\sqrt{3}}{2}$	1
cos	1	$\frac{\sqrt{3}}{2}$	$\frac{1}{\sqrt{2}}$	$\frac{1}{2}$	0
tan	0	$\frac{1}{\sqrt{3}}$	1	$\sqrt{3}$	―*

＊ tan 90° は定義されない。

演習問題

学習日：　　月　　日／学習時間：　　　分

知識

☑ **80.** **三角比**▶ 次の直角三角形の $\sin\theta$，$\cos\theta$，$\tan\theta$ の値をそれぞれ求めよ。ただし，答えは分数のままでよく，ルートをつけたままでよい。なお，図には各辺の長さの比を示している。

(1)

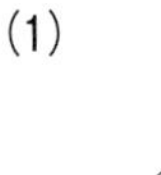

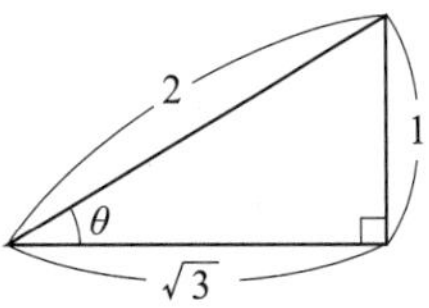

$\sin\theta$：

$\cos\theta$：

$\tan\theta$：

(2)

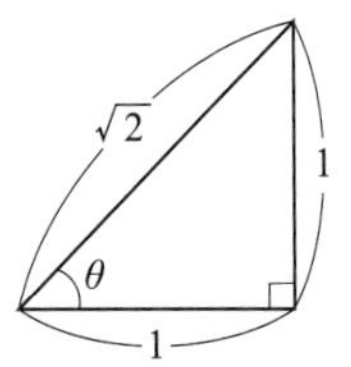

$\sin\theta$：

$\cos\theta$：

$\tan\theta$：

(3)

$\sin\theta$：

$\cos\theta$：

$\tan\theta$：

(4)

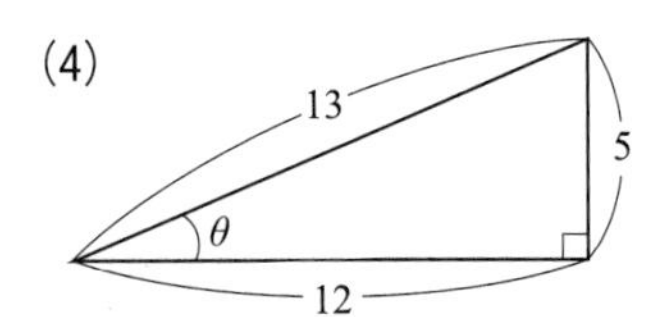

$\sin\theta$：

$\cos\theta$：

$\tan\theta$：

チェック
□直角三角形の辺の長さの比を利用して，力の成分を求めることができる。
□三角比の性質を理解し，正弦，余弦，正接を求めることができる。

知識

☑ 81．三角比の利用

三角比を利用して，次の直角三角形の辺の長さ a〔cm〕を求めよ。ただし，答えはルートをつけたままでよい。

(1)

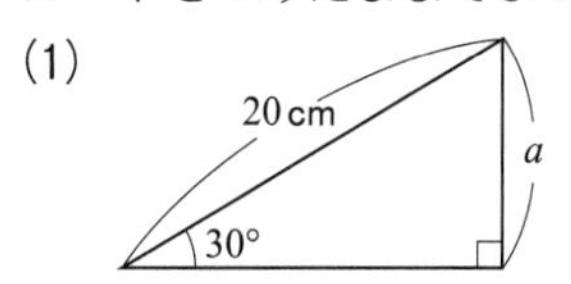

答 ＿＿＿＿＿＿＿＿

(2)

20 cm
30°
a

答 ＿＿＿＿＿＿＿＿

(3)

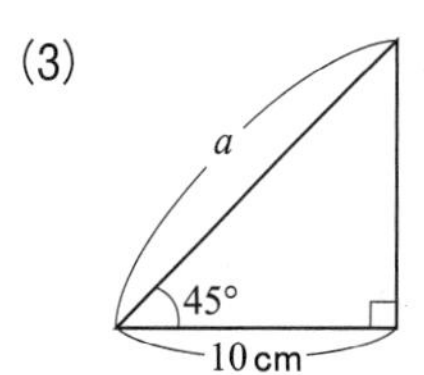

答 ＿＿＿＿＿＿＿＿

(4)

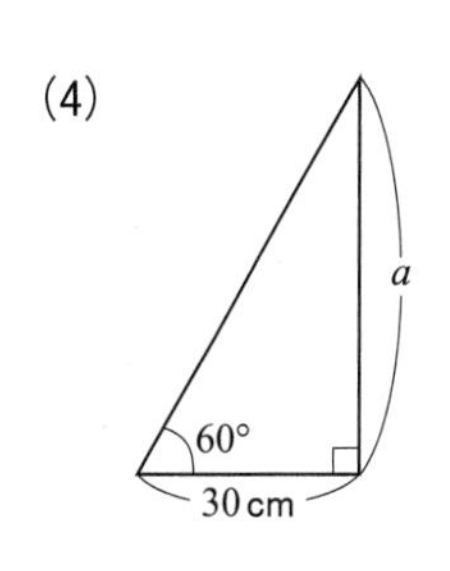

答 ＿＿＿＿＿＿＿＿

知識

☑ 82．三角比と力の成分

次に示す力の x 成分，y 成分は，それぞれ何 N か。例にならい，$\sqrt{2}=1.41$，$\sqrt{3}=1.73$ として計算せよ。

【例】図の力 F の x 成分 F_x，y 成分 F_y は，次のように求められる。

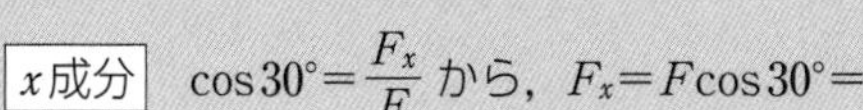

x成分　$\cos 30°=\dfrac{F_x}{F}$ から，$F_x=F\cos 30°=20\times\dfrac{\sqrt{3}}{2}=20\times\dfrac{1.73}{2}=17.3\,\text{N}$　**17 N**

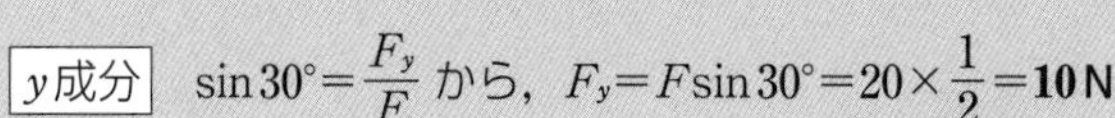

y成分　$\sin 30°=\dfrac{F_y}{F}$ から，$F_y=F\sin 30°=20\times\dfrac{1}{2}=$**10 N**

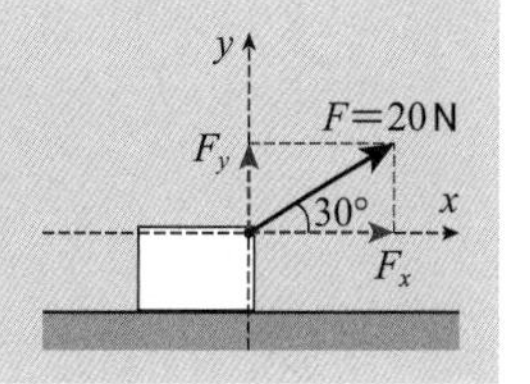

(1)

y
20 N
60°
x

答　x：　　　　y：

(2)

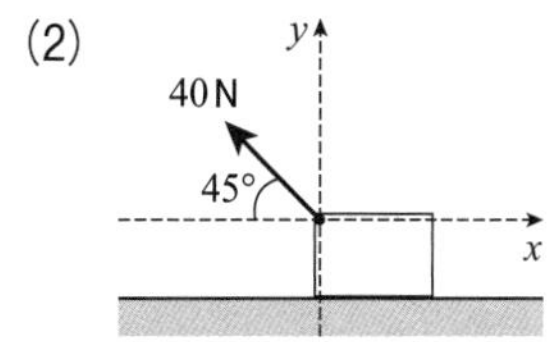

答　x：　　　　y：

知識

☑ 83．三角比と力の成分

次に示す力の x 成分，y 成分はそれぞれ何 N か。三角比を利用し，$\sqrt{2}=1.41$，$\sqrt{3}=1.73$ として計算せよ。

(1)

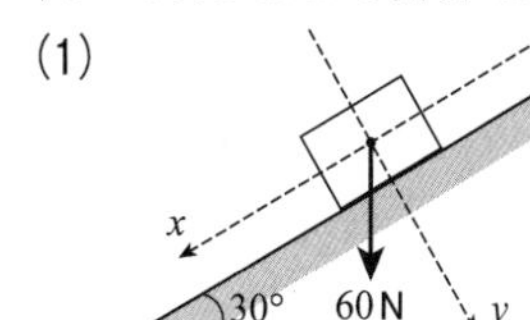

答　x：　　　　y：

(2)

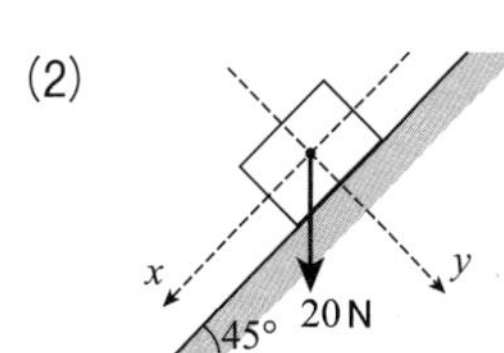

答　x：　　　　y：

チェック
□三角比を利用して，直角三角形の辺の長さを求めることができる。
□三角比を利用して，力の成分を求めることができる。

作用・反作用の法則

学習のまとめ

1 作用・反作用の法則

静かな水面にボートが浮かんでいる。ボート A からボート B を押すと，B は(ア　　　)向きに，A は(イ　　　)向きに動き出す。

このように，物体 B が物体 A から力を受けるとき，必ず A も B から力を受ける。このとき，はたらきあう 2 つの力の一方を(ウ　　　)，もう一方を(エ　　　)という。両者は同一作用線上にあり，逆向きで大きさが等しい。これを(オ　　　)という。

2 つりあう 2 力と作用・反作用の 2 力

つりあいの関係にある 2 力と，作用・反作用の関係にある 2 力は，「同一作用線上にあり，逆向きで大きさが等しい力」という点で似ている。しかし，前者は(カ　　　)物体にはたらく力であり，後者は(キ　　　)物体にはたらく力である。

図のように，物体 A と物体 B が水平面上に重ねて置かれている。このとき，図中の 6 つの力について，それぞれの力をおよぼす物体と受ける物体との関係は，次のようになっている。

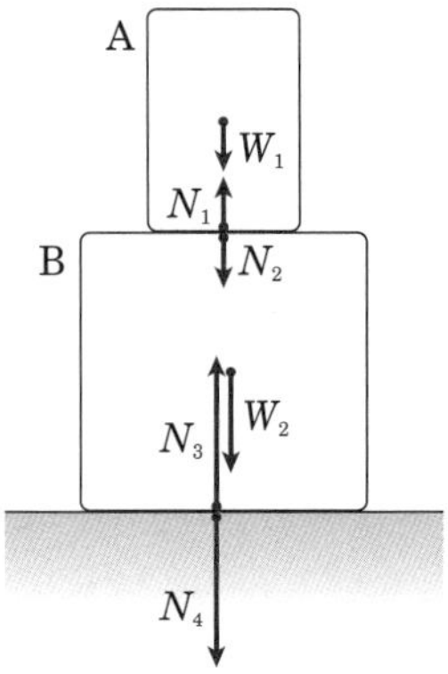

W_1 ：物体 A が受ける重力
N_1 ：(ク　　　)が(ケ　　　)から受ける力
N_2 ：(コ　　　)が(サ　　　)から受ける力
W_2 ：物体 B が受ける重力
N_3 ：(シ　　　)が(ス　　　)から受ける力
N_4 ：面が物体 B から受ける力

A にはたらき，つりあっている力は，下向きの(セ　　　)と上向きの(ソ　　　)であり，N_1 の反作用は(タ　　　)である。また，B にはたらき，つりあっている力は，下向きの(チ　　　)と W_2，上向きの(ツ　　　)であり，N_3 の反作用は(テ　　　)である。

プラス＋
作用・反作用の法則は，物体が静止している場合も，運動している場合も，常に成り立つ。また，静電気力，磁気力，重力のような，空間を隔ててはたらく力でも成り立つ。

プラス＋
作用・反作用の法則は運動の第 3 法則ともよばれる。

確認問題

☑ **84.** 人が壁を右向きに 30N の力で押した。壁が人を押し返す力は，どちら向きに何 N か。知識

➡1

答

☑ **85.** 図のように，机の上にリンゴを置く。図中の力 A，B，C のうち，つりあう 2 力の組みあわせと，作用・反作用の 2 力の組みあわせを，それぞれ A～C の記号で答えよ。知識

➡2

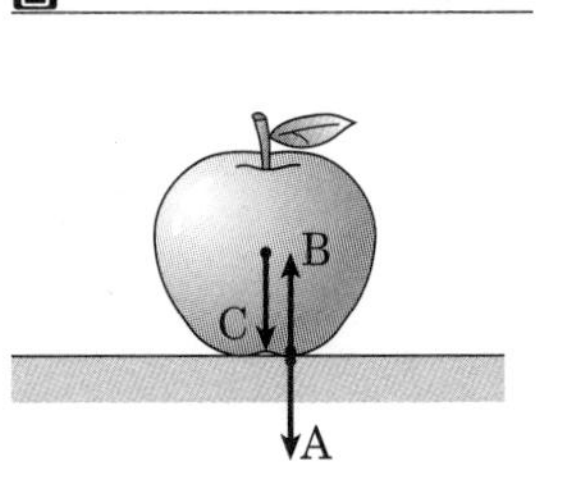

答　つりあい：　　　　作用・反作用：

チェック
□作用・反作用の法則を利用して，物体が受ける力を考えることができる。
□つりあう 2 力と作用・反作用の 2 力の違いを理解している。

練習問題

学習日：　　月　　日／学習時間：　　分

知識

86. 作用・反作用の法則▶ 摩擦のない氷上で，子どもと大人が押しあう。子どもが大人を 30N の力で押したとすると，大人が子どもを押し返す力の大きさは何 N か。 ➡1

答 ____________

知識

87. つりあう 2 力と作用・反作用の 2 力▶ 図のように，天井からばねで物体をつり下げて静止させた。 ➡2

(1) 図中の力 $\vec{F_1}$～$\vec{F_5}$ のうち，作用・反作用の関係にある 2 力の組みあわせをすべて答えよ。

答 ____________

(2) 力 $\vec{F_1}$～$\vec{F_5}$ の大きさをそれぞれ F_1～F_5 とする。鉛直上向きを正として，物体にはたらく力のつりあいの式を立てよ。

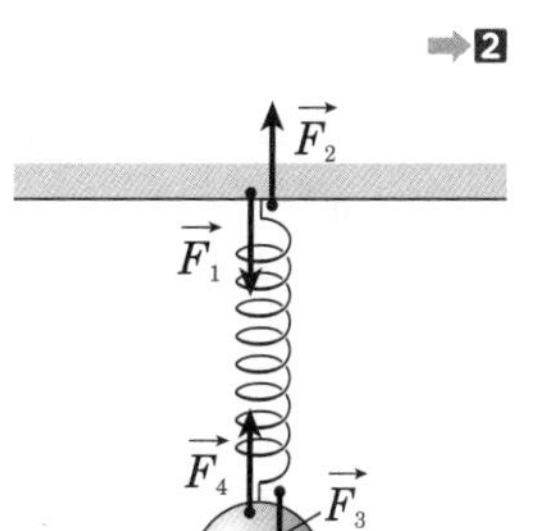

答 ____________

知識

88. 作用・反作用と力のつりあい▶ ともに質量 10kg の物体 A，B が，水平面上に重ねて置かれている。重力加速度の大きさを $9.8\,\text{m/s}^2$ として，次の各問に答えよ。 ➡2

(1) A が B から受ける力を図示せよ。

(2) B が A から受ける力を図示せよ。

(3) B が面から受ける垂直抗力の大きさは何 N か。

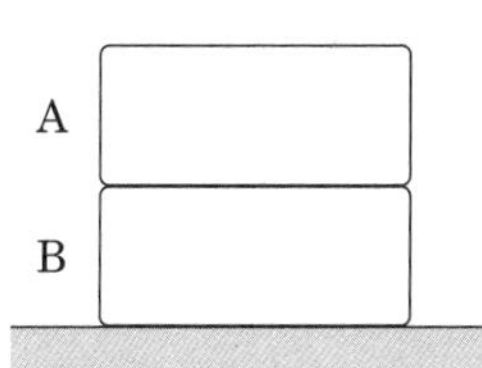

答 ____________

思考

89. 作用・反作用と力のつりあい▶ 重さ 9.8N の物体をはかりの上に置き，ばね定数 98N/m のばねをつけて鉛直上向きに引いた。ばねが 5.0×10^{-2}m 伸びたとき，物体は静止したままであった。 ➡2

(1) 物体がはかりから受ける力の大きさは何 N か。

答 ____________

(2) はかりが物体から受ける力の大きさは何 N か。

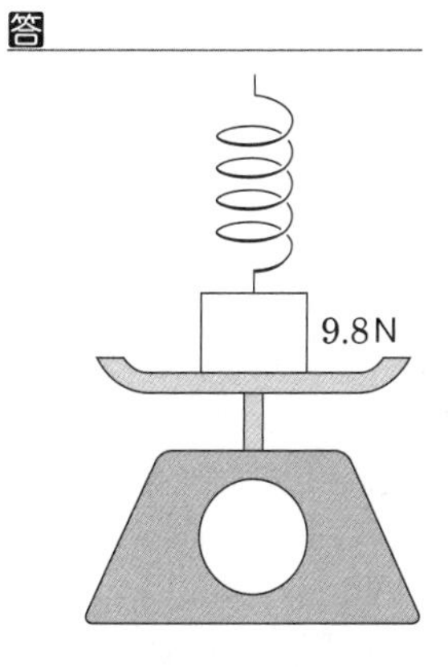

答 ____________

思考

90. 作用・反作用の法則▶ 静止している質量 1.0kg の台車 A に，走行してきた質量 2.0kg の台車 B が衝突した。このとき，A が B におよぼす力の大きさを F_A，B が A におよぼす力の大きさを F_B とする。F_A，F_B の大小関係について，正しく表しているものは次のうちどれか。 ➡1

(ア) $F_A > F_B$

(イ) $F_A = F_B$

(ウ) $F_A < F_B$

答 ____________

チェック □物体が受ける力の中から，つりあう 2 力の組みあわせ，作用・反作用の 2 力の組みあわせをそれぞれみつけることができる。

集中トレーニング 5

物体が受ける力のみつけ方

解答編 p.15

要点

1 物体が受ける力のみつけ方

物体の運動を考えるには，物体が受ける力をすべて把握する必要がある。物体が受ける力は目に見えないが，次の 2 点に留意して，みつけることができる。

(1) 地球上のすべての物体は，鉛直下向きに重力を受ける。
(2) 重力以外の力は，接触している他の物体から受ける。

※静電気力，磁気力などの力は，ここでは考えないものとする。

2 いろいろな力

物体が受ける力には，重力以外に次のようなものがある。

■**重力**　地球上のすべての物体が受ける力

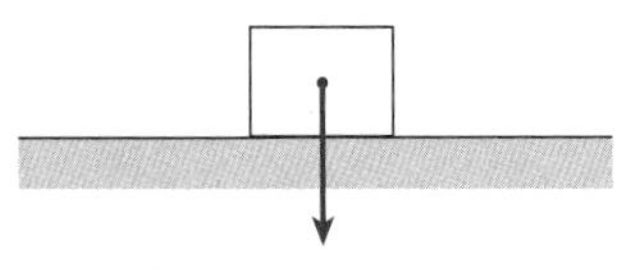

■**糸の張力**　糸やひもから受ける力

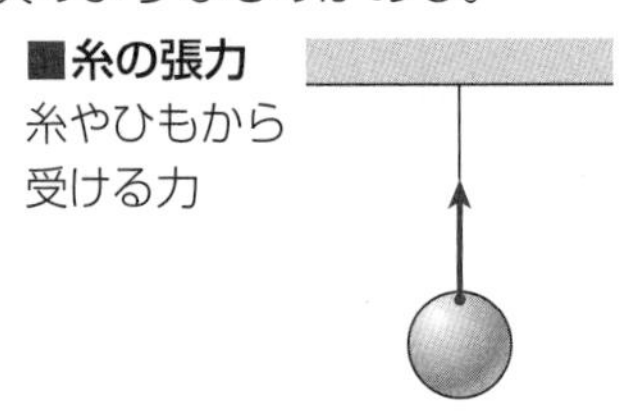

■**弾性力**　伸び縮みしたばねから受ける力

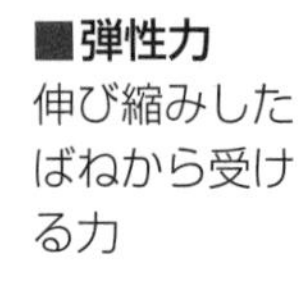

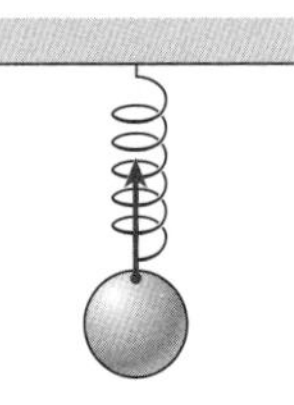

■**垂直抗力**　接する面から垂直な向きに受ける力

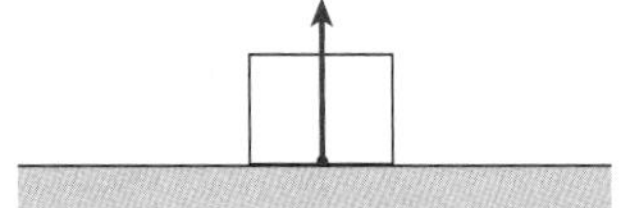

■**静止摩擦力**　静止している物体が動き出すのを妨げる向きに受ける力

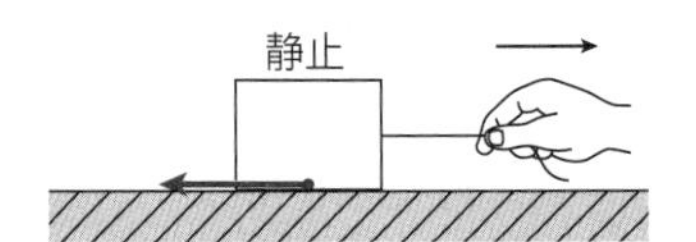

■**動摩擦力**　運動している物体がその運動を妨げる向きに受ける力

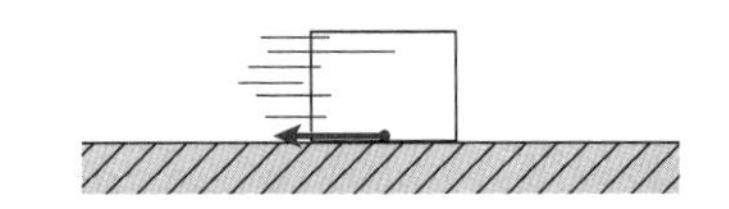

例1　天井からばねでつり下げられた物体にはたらく力をみつけよう

❶物体は重力を受ける。

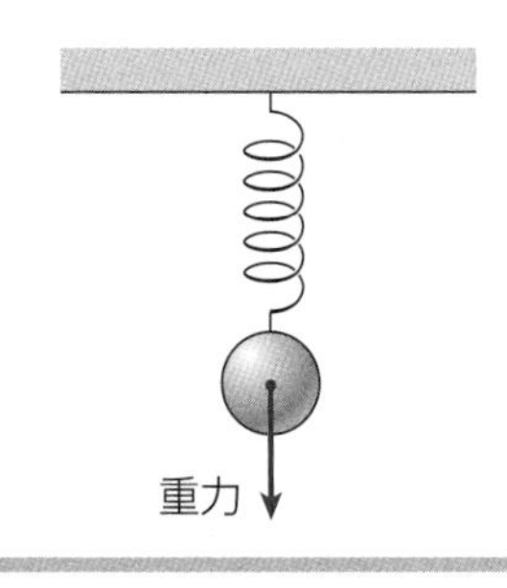

❷注目する物体と接触している他の物体をみつける。

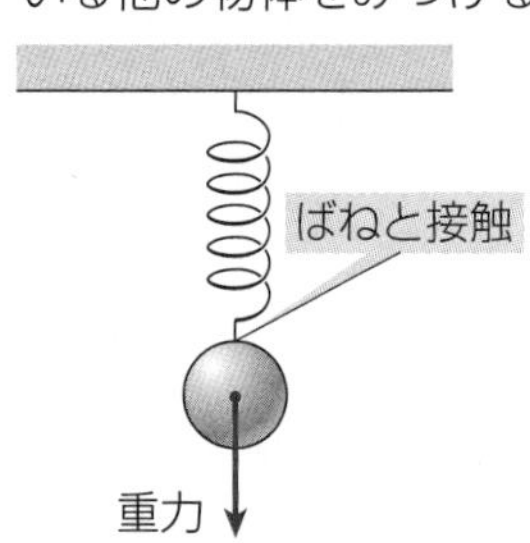

❸力の種類をみきわめ，向きを判断する。

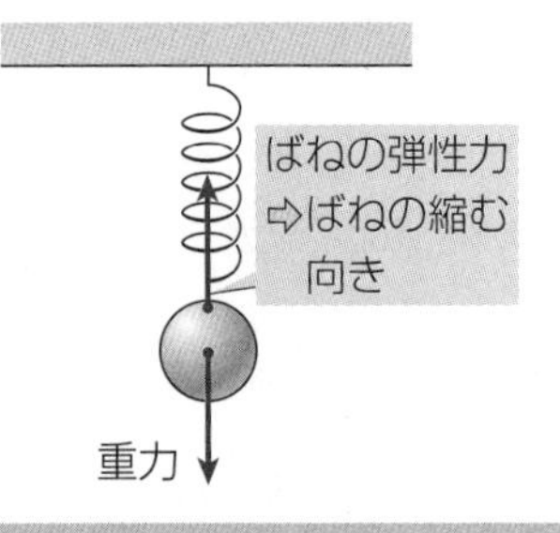

例2　粗い水平面上をすべる物体にはたらく力をみつけよう

❶物体は重力を受ける。

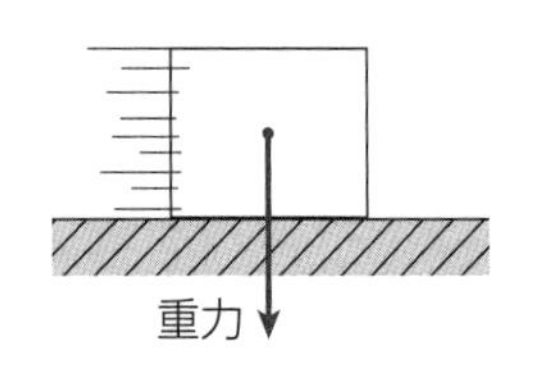

❷注目する物体と接触している他の物体をみつける。

重力　面と接触

❸力の種類をみきわめ，向きを判断する。

垂直抗力
⇨面と垂直な向き

動摩擦力
⇨運動を妨げる向き

重力

チェック
□物体は，重力以外に，接触している他の物体から力を受けることを理解している。
□いろいろな力の性質を理解し，物体が受ける力をすべて図示することができる。

知識

☑ **91. 物体が受ける力**▶ (1)～(12)の物体が受ける力をすべて矢印で図示せよ。また，何から受ける力かもあわせて示せ。

(1) 自由落下する物体

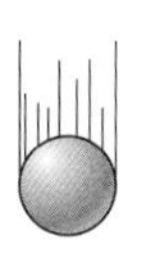

(2) 振り子のおもり

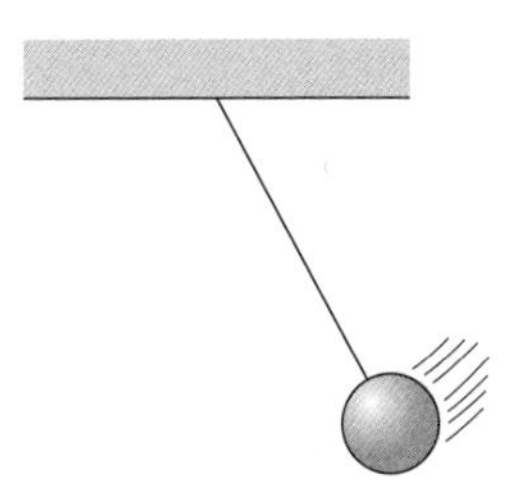

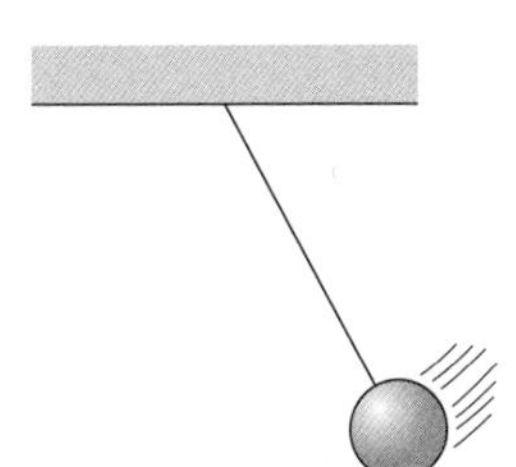

(3) なめらかな水平面上をばねで引かれる物体

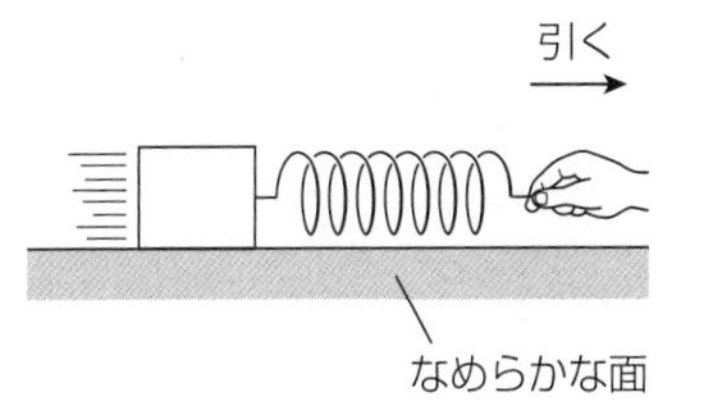

(4) なめらかな水平面上で滑車を通してつながれた物体

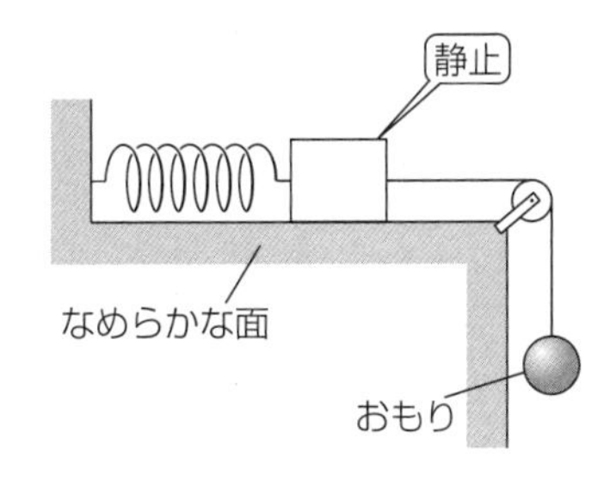

(5) 粗い水平面上で滑車を通してつながれた物体

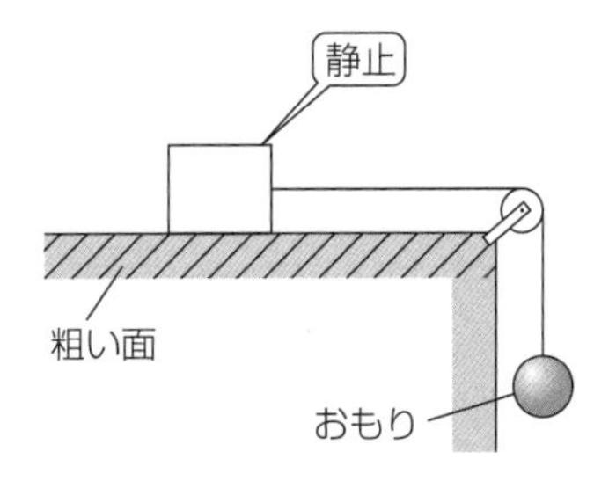

(6) 粗い水平面上を糸で引かれる物体

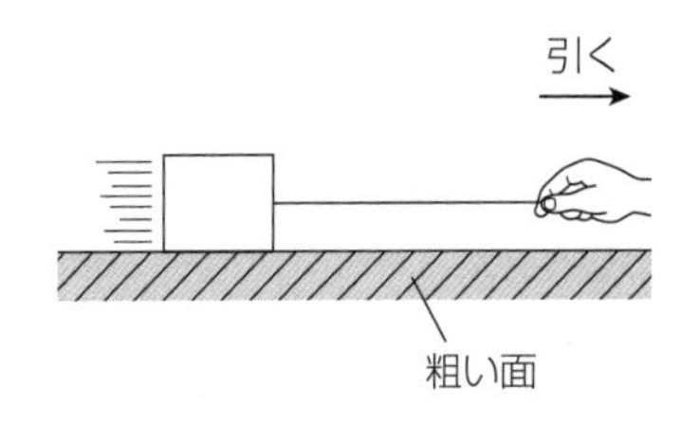

(7) 粗い斜面上に置かれて静止した物体

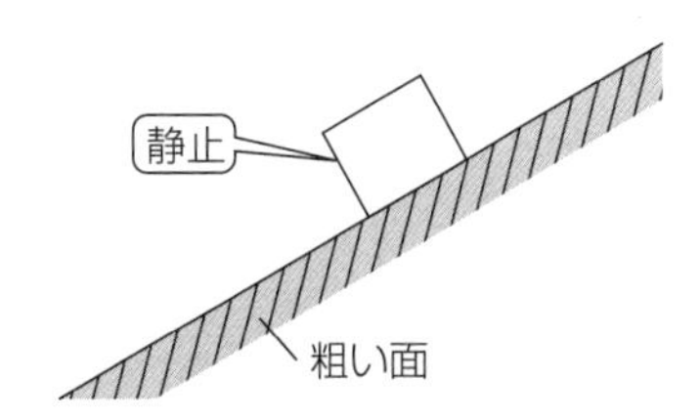

(8) 粗い斜面上をすべりおりる物体

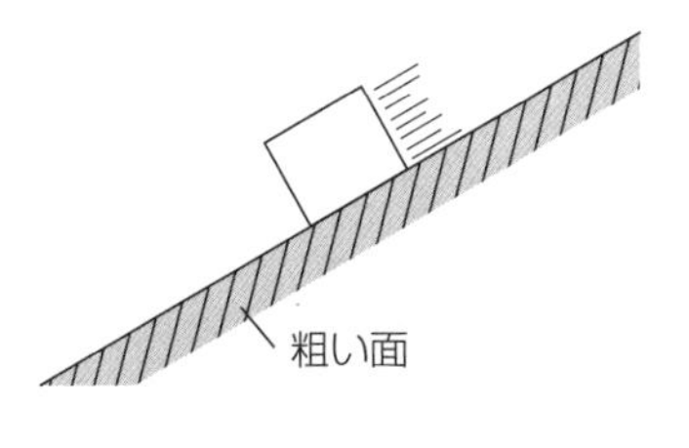

(9) 粗い斜面上を糸で引かれてすべり上がる物体

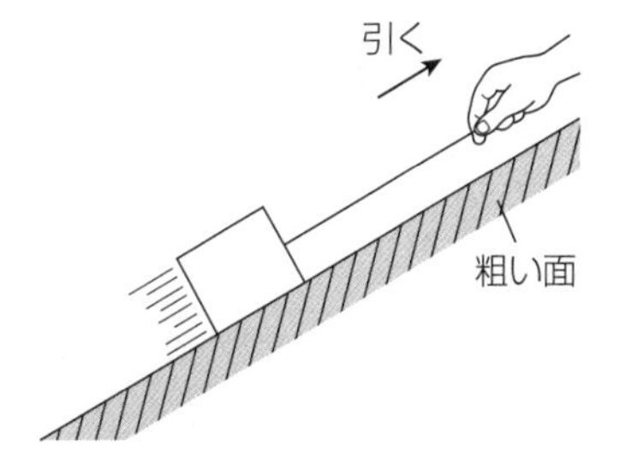

(10) 水平面上に積み重ねられた物体A

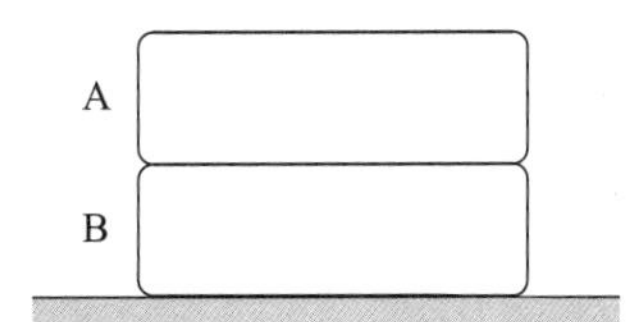

(11) 水平面上に積み重ねられた物体B

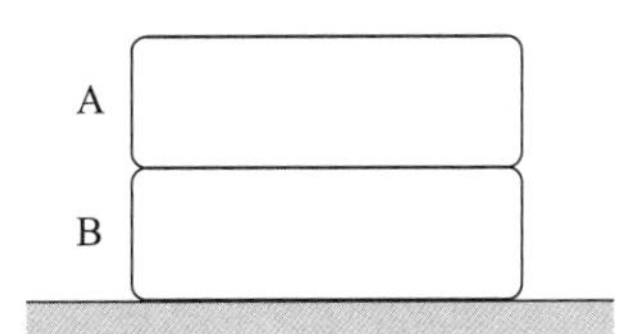

(12) 天井から糸でつり下げられた物体A

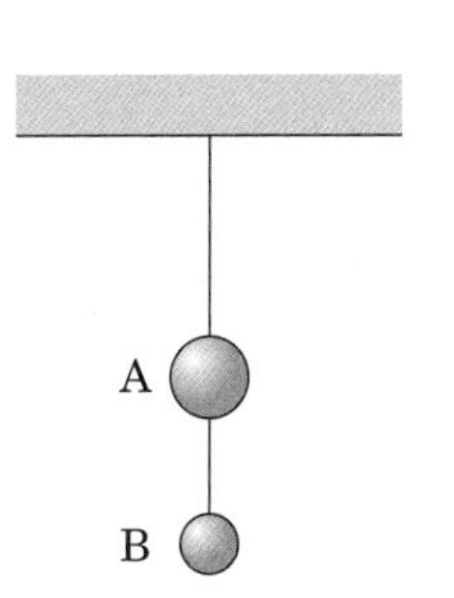

●解答編 p.16

10 慣性の法則・運動の法則

学習のまとめ

1 慣性

バスが急発進すると，乗客は(ア　　　　)向きに倒れそうになり，急停止すると，(イ　　　　)向きに倒れそうになる。このような，物体がそのときの運動状態を保とうとする性質を(ウ　　　　)とよぶ。

急発進　　急停車

プラス＋ 質量が大きい物体ほど，慣性が大きい。

2 慣性の法則

物体が外から(エ　　　　)を受けないとき，あるいは，受けていてもそれらがつりあっていれば，静止している物体は静止し続け，運動している物体は(オ　　　　)を続ける。これを(カ　　　　)，または運動の第1法則という。

プラス＋ 物体に力を加えて等速直線運動をさせるとき，前向きにはたらく力と後ろ向きにはたらく力はつりあっており，同じ大きさである。

3 運動の法則

力を受けている物体は，その力の向きに加速度を生じる。このとき，物体の加速度 $\vec{a}$ は，受けている力 $\vec{F}$ に(キ　　　　)し，物体の質量 m に(ク　　　　)する。これを(ケ　　　　)，または運動の第2法則といい，比例定数を k として次式で表される。

$\vec{a}=k\times$(コ　　　　)

プラス＋ 物体が複数の力を受けている場合，$\vec{F}$ はそれらの合力のことである。

4 運動方程式

力 $\vec{F}$ の単位(サ　　　　)(記号 N)は，加速度 $\vec{a}$ の単位を m/s^2，質量 m の単位を kg としたとき，運動の法則の比例定数 k が1となるように定められている。これらの単位を用いると，運動の法則は，次式で表される。

(シ　　　　) $=\vec{F}$

この式を(ス　　　　)という。

プラス＋ 1N の力は，質量 1kg の物体に 1m/s^{2}の加速度を与える。

プラス＋ 質量 m の物体が重力 mg だけを受けて落下するとき，運動方程式は $ma=mg$ となり，質量に関係なく $a=g$ である。

確認問題

☐ **92.** 摩擦のある粗い水平面上で，物体を押す力の大きさ f と，摩擦による抵抗力の大きさ F の大小関係を，＞，＜，または＝を用いて表せ。知識 ➡2

答 ＿＿＿＿＿＿

☐ **93.** ある物体に 2.0N の力を加えると，4.0m/s^2 の加速度で運動した。加える力を 4.0N にすると，加速度は何 m/s^2 になるか。知識 ➡3

答 ＿＿＿＿＿＿

☐ **94.** 質量 2.0kg の物体に 9.8m/s^2 の加速度を生じさせる力は何 N か。知識 ➡4

答 ＿＿＿＿＿＿

チェック
☐慣性の法則を利用して，物体の運動を考えることができる。
☐物体が受ける力，質量，加速度の関係(運動の法則)を理解している。

練習問題 ・・・・・・・・・・・・・ 学習日：　　月　　日／学習時間：　　分

思考
95. 慣性の法則▶ 次の中から誤った文章をすべて選び，(ア)～(エ)の記号で答えよ。 ➡2

(ア)　静止している電車が急に発進すると，乗客は電車が進む向きに倒れそうになる。
(イ)　なめらかな水平面上で等速直線運動している物体がある。このとき，物体が受けている力の合力は0である。
(ウ)　一定の速さで上昇しているエレベーターには，重力がはたらいていない。
(エ)　荷物を積んだ車は，ブレーキをかけたとき，荷物を積んでいない車に比べて止まりにくい。

答 ＿＿＿＿＿＿

思考
96. 慣性の法則▶ 水平面上で等速直線運動している台車から，鉛直上向きに小球を打ち上げた。この小球はどこに落ちるか。(ア)～(ウ)の記号で答えよ。 ➡2

(ア)　台車の前方に落ちる。
(イ)　台車の発射台の位置に落ちる。
(ウ)　台車の後方に落ちる。

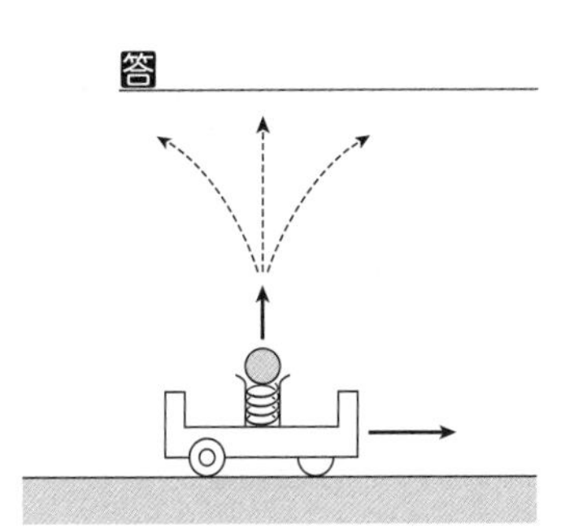

答 ＿＿＿＿＿＿

思考
97. 運動の法則▶ 図は，台車に，大きさ1.0N，1.5N，2.0Nの力を加えた場合の，速度 v[m/s]と時間 t[s]の関係を示している。 ➡3

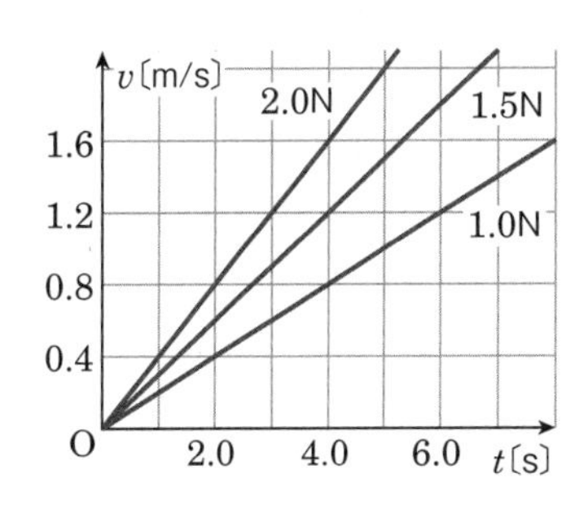

(1) それぞれの場合の加速度の大きさは何 m/s^2 か。

答 1.0N：　　　　1.5N：　　　　2.0N：

(2) 力と加速度の間には，どのような関係があるか。

答 ＿＿＿＿＿＿

思考
98. 運動の法則▶ 表は，台車に一定の力を加えたときの，台車の質量 m[kg]と加速度 a[m/s^2]の関係を示している。 ➡3

(1) 質量と加速度の積 ma[N]を求め，表に記入せよ。

m[kg]	2.0	3.0	4.0	6.0
a[m/s^2]	1.8	1.2	0.90	0.60
ma[N]				

(2) m と a の間には，どのような関係があるか。

答 ＿＿＿＿＿＿

知識
99. 運動方程式▶ なめらかな水平面上で，質量3.0kgの物体に，水平方向に12Nの力を加えた。物体の加速度の大きさは何 m/s^2 か。 ➡4

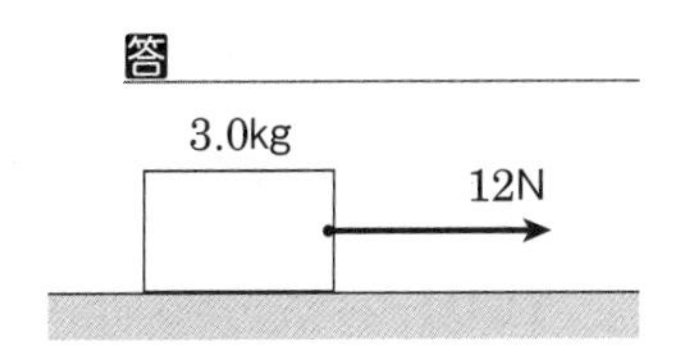

答 ＿＿＿＿＿＿

チェック
□運動の法則を利用して，物体の運動を考察することができる。
□運動方程式を利用して，物体の加速度を求めることができる。

11 運動方程式の利用

●解答編 p.17

学習のまとめ

1 運動方程式の立て方

軽い糸を用いて，なめらかな水平面上で質量 m〔kg〕の物体を大きさ T〔N〕の力で引く。このとき，運動方程式は次のように立てることができる。

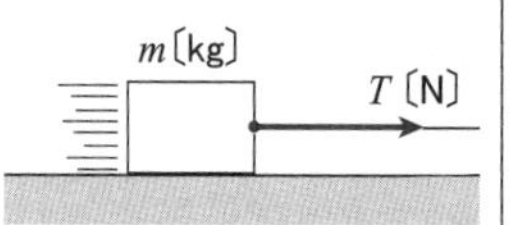

(1) 運動方程式を立てる物体を決める。

(2) 物体が受ける力を図示する。このうち，運動方向にはたらく力は（ア　　　　）である。

(3) 運動の向きを正とし，その方向の力の成分の和 F〔N〕を求める。
$F=$（イ　　　　）

(4) 求めた F を，運動方程式「$ma=F$」に代入する。

プラス＋
「軽い」とは，質量が無視できるという意味である。

プラス＋
物体が運動する向きを正の向きと定めることが多い。

2 鉛直方向の運動

軽い糸を用いて，質量 m〔kg〕の物体を大きさ T〔N〕の力で引き上げる。このとき，物体には張力と重力がはたらいており，鉛直上向きを正，加速度を a〔m/s²〕として，運動方程式は次のように立てることができる。

$ma=$（ウ　　　　）

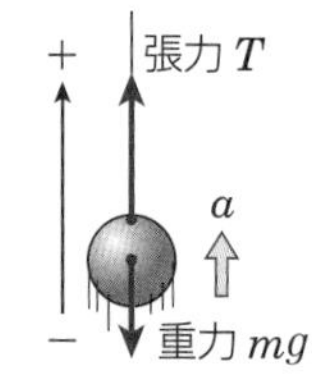

3 斜面上の物体の運動

斜面上で物体が運動する場合は，運動方向と，それに垂直な方向とに力を分解し，各方向について運動方程式を立てる。

水平となす角が 30° のなめらかな斜面上を，質量 m〔kg〕の物体がすべりおりる。このとき，物体が受ける力を，斜面に平行な x 軸方向と垂直な y 軸方向に分解し，x 軸方向の加速度を a〔m/s²〕として，運動方程式は次式で表される。

x 軸方向：$ma=$（エ　　　　）

y 軸方向：$0=$（オ　　　　）

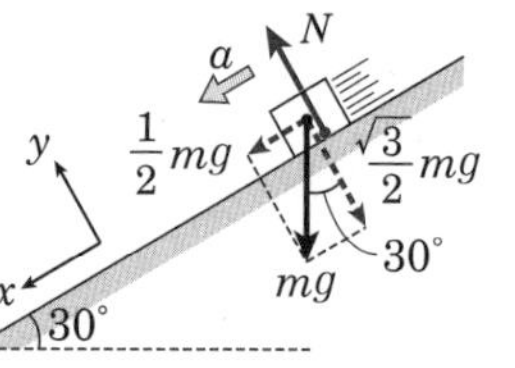

プラス＋
物体の運動方向（x 軸方向）に対して垂直な方向（y 軸方向）では，物体が受ける力はつりあっており，力の成分の和は 0 になる。

4 2つの物体の運動

2つ以上の物体がある場合は，それぞれについて運動方程式を立てる。

なめらかな水平面上で，質量 m〔kg〕の物体 A と質量 M〔kg〕の物体 B が，軽い糸で連結されている。A を大きさ F〔N〕の力で引くとき，物体 A，B の運動方程式は，運動の向きを正，加速度を a〔m/s²〕，糸の張力の大きさを T〔N〕として，次のように立てることができる。

物体 A：$ma=$（カ　　　　）

物体 B：$Ma=$（キ　　　　）

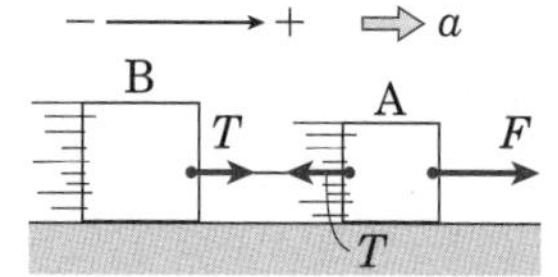

プラス＋
軽い糸がおよぼす張力の大きさは，糸の両端で等しい。

確認問題

☑ **100.** なめらかな水平面上にある質量 4.0kg の物体を，大きさ 6.0N の力で水平方向に引く。このとき，物体の加速度の大きさは何 m/s² か。知識 ➡1

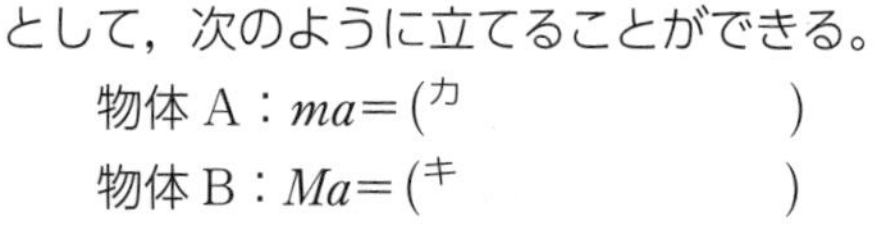

答 ＿＿＿＿＿＿

チェック
□運動方程式の立て方を理解している。
□鉛直方向の運動について運動方程式を立てることができる。

練習問題

学習日：　　月　　日／学習時間：　　分

知識

101. 糸でつり下げられた物体▶ 質量0.50kgのおもりを軽い糸でつり下げ，(1)，(2)のような運動をさせた。重力加速度の大きさを9.8m/s^2とすると，各場合における糸の張力の大きさは何Nか。 ➡2

(1) 鉛直上向きの加速度0.20m/s^2の等加速度直線運動

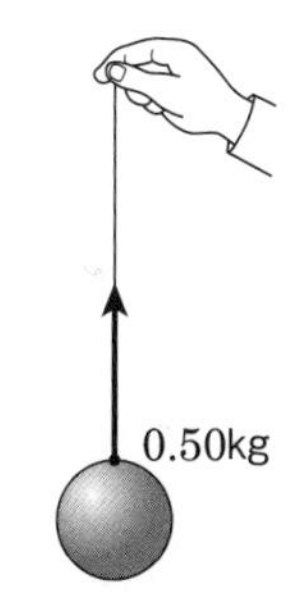

答 ＿＿＿＿＿＿＿＿

(2) 鉛直上向きの速さ2.0m/sの等速直線運動

答 ＿＿＿＿＿＿＿＿

知識

102. 斜面上の物体▶ 傾斜角が30°のなめらかな斜面上を，質量1.0kgの物体がすべりおりている。重力加速度の大きさを9.8m/s^2とすると，物体の加速度の大きさは何m/s^2か。 ➡3

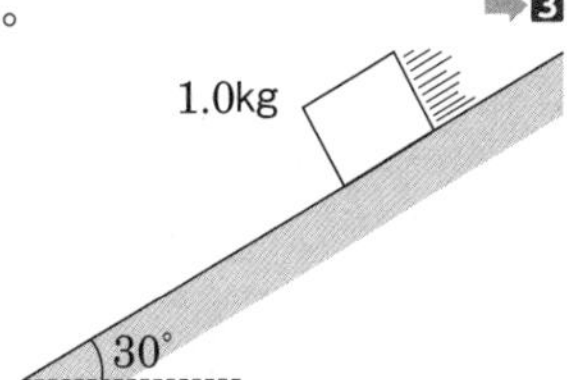

答 ＿＿＿＿＿＿＿＿

知識

103. 糸でつながれた2つの物体▶ なめらかな水平面上にある質量Mの物体Aに，質量mの物体Bが軽い糸でつながれ，滑車を通してつり下げられている。物体A，Bの加速度の大きさをa，糸の張力の大きさをT，重力加速度の大きさをgとして，次の各問に答えよ。 ➡4

(1) 運動の向きを正として，物体A，Bそれぞれの運動方程式を立てよ。

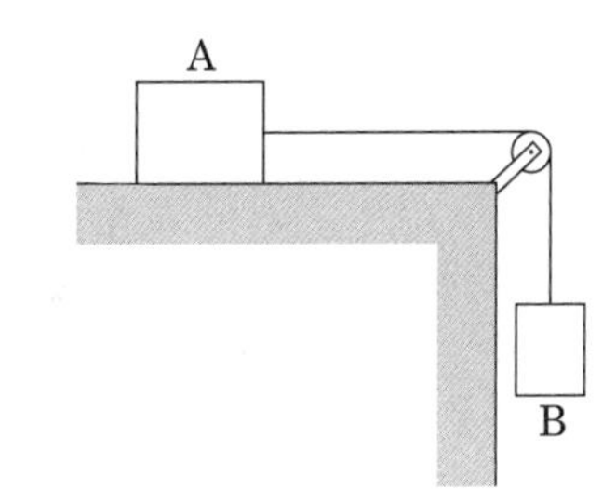

答 A：＿＿＿＿＿＿＿＿ B：＿＿＿＿＿＿＿＿

(2) 加速度の大きさa，および張力の大きさTを求めよ。

答 a：＿＿＿＿＿＿＿＿ T：＿＿＿＿＿＿＿＿

思考

104. 斜面上の物体▶ 水平となす角が30°のなめらかな斜面上において，物体に初速を与え，斜面に沿って上向きにすべらせた。重力加速度の大きさを9.8m/s^2として，次の各問に答えよ。 ➡3

(1) すべっている間の物体の加速度は，どちら向きに何m/s^2か。

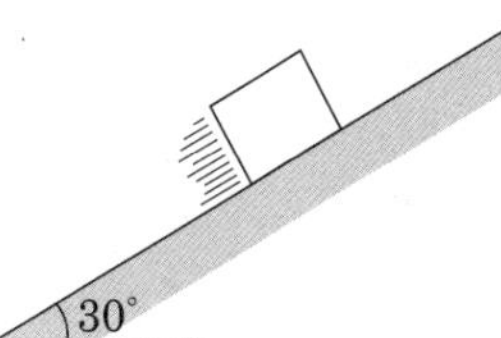

答 ＿＿＿＿＿＿＿＿

(2) 重さが2倍の物体に同じ初速を与え，斜面に沿って上向きにすべらせた。このとき，物体の加速度は(1)の結果からどのように変化するか。

答 ＿＿＿＿＿＿＿＿

チェック
- □斜面上の物体の運動を，斜面に平行な方向と垂直な方向に分けて考えることができる。
- □2つの物体の運動で，それぞれの物体について運動方程式を立てることができる。

摩擦力

●解答編 p.18

学習のまとめ

1 静止摩擦力

粗い水平面上に置かれた物体を，糸を用いて水平方向に引く(図1)。このとき，引く力の大きさ f が小さい間は，物体は静止したままである。これは，物体が，糸で引かれる向きと(ア　　　)向きに，接する面から摩擦力を受けるためである。このように，静止した物体にはたらく摩擦力を(イ　　　　　)といい，物体がすべり出そうとするのを妨げる向きにはたらく。

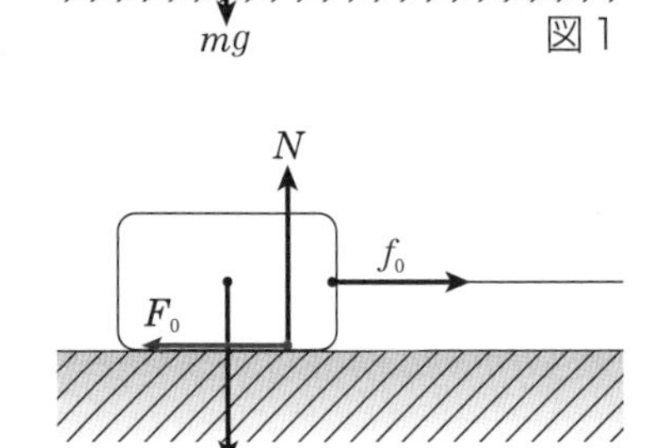

図1

図2
N, f_0, F_0, mg

物体を引く力を大きくしていくと，力の大きさがある値 f_0 をこえたときに，物体はすべり始める(図2)。

静止摩擦力の大きさは，物体がすべり始める直前に，最大となる。このときの摩擦力を(ウ　　　　　)といい，その大きさ F_0 は，(エ　　　　　)の大きさ N に比例する。その比例定数を μ とすると，F_0 は次式で表される。

$F_0=$(オ　　　　　)

比例定数 μ を，物体と面との間の(カ　　　　　)という。

プラス
「粗い面」とは，摩擦のある面を示す。一方，摩擦のない面を「なめらかな面」という。

プラス
物体が面から受ける力をまとめて抗力とよぶ。抗力のうち，面に垂直な方向の分力が垂直抗力，面に平行な方向の分力が摩擦力である。

プラス
静止摩擦力の大きさは，物体を引く力とつりあうように変化する。ただし，最大値 F_0 をこえることはない。

2 動摩擦力

摩擦力は物体が面上をすべるときにもはたらく。このときの摩擦力を(キ　　　　　)といい，その大きさ F' は(ク　　　　　)の大きさ N に比例する。比例定数を μ' とすると，F' は次式で表される。

$F'=$(ケ　　　　　)

比例定数 μ' を，物体と面との間の(コ　　　　　)という。

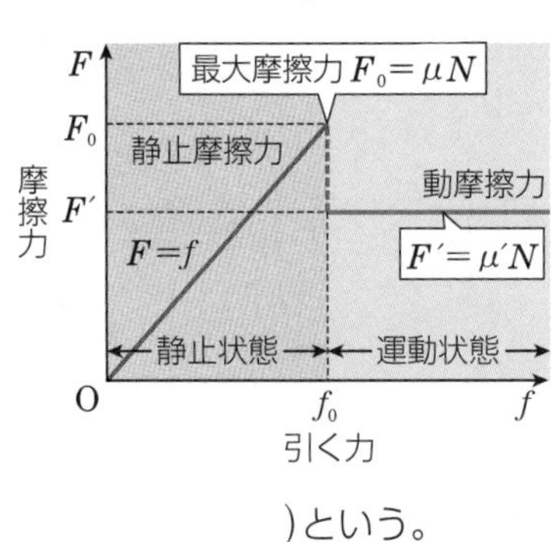

プラス
一般に，$\mu'<\mu$，$F'<F_0$ である。

確認問題

本テーマ(p.32〜33)の問題では，重力加速度の大きさは $9.8\,\mathrm{m/s^2}$ とする。

☐ **105.** 粗い水平面上にある物体を，水平方向に1.0Nの力で引いたところ，物体は静止したままであった。このとき，物体にはたらく静止摩擦力の大きさは何Nか。知識 ➡1

答

☐ **106.** 粗い水平面上にある物体を，水平方向に引く。引く力の大きさが20Nをこえたとき，物体はすべり始めた。物体にはたらく最大摩擦力の大きさは何Nか。知識 ➡1

答

☐ **107.** 粗い水平面上にある物体を，水平方向に3.0Nの力で引いてすべらせると，物体は等速直線運動をした。このとき，物体にはたらく動摩擦力の大きさは何Nか。知識 ➡2

答

チェック
☐粗い面上では，面と平行な方向に摩擦力がはたらくことを理解している。
☐静止摩擦力の性質を理解し，その大きさを求めることができる。

練習問題

学習日：　　月　　日／学習時間：　　分

知識

☑ **108. 最大摩擦力**▶ 粗い水平面上にある質量 1.0kg の物体を，水平方向に引く。引く力の大きさを少しずつ大きくしていくと，4.9N をこえたとき，物体はすべり始めた。次の各問に答えよ。 ➡1

(1) 物体にはたらく垂直抗力の大きさは何 N か。

1.0kg

4.9N

答

(2) 物体と水平面との間の静止摩擦係数はいくらか。

答

知識

☑ **109. 最大摩擦力**▶ 質量 1.0kg の物体をのせた粗い板をゆっくり傾けていくと，水平となす角が 30° をこえたとき，物体はすべり始めた。次の各問に答えよ。ただし，$\sqrt{3}=1.73$ とする。 ➡1

(1) 物体にはたらく最大摩擦力の大きさは何 N か。

1.0kg

30°

答

(2) 物体と板との間の静止摩擦係数はいくらか。

答

知識

☑ **110. 動摩擦力**▶ 右向きに走行していた自動車が急ブレーキをかけ，路面をすべり始めた。自動車は一定の動摩擦力を路面から受けたとして，自動車の質量を 1.0×10^3kg，路面との間の動摩擦係数を 0.50 とする。

(1) 自動車にはたらく動摩擦力の大きさは何 N か。 ➡2

答

(2) ブレーキをかけてから停車するまでの間の加速度は，どちら向きに何 m/s^2 か。

答

思考

☑ **111. 摩擦力**▶ 粗い水平面上に置かれた物体を水平方向に引いたところ，物体が受ける摩擦力 F〔N〕と引く力 f〔N〕について，図のような関係が得られた。物体の材質は変えず，質量を $\frac{1}{2}$ にして，同様の実験を行った場合に得られるグラフを描け。 ➡2

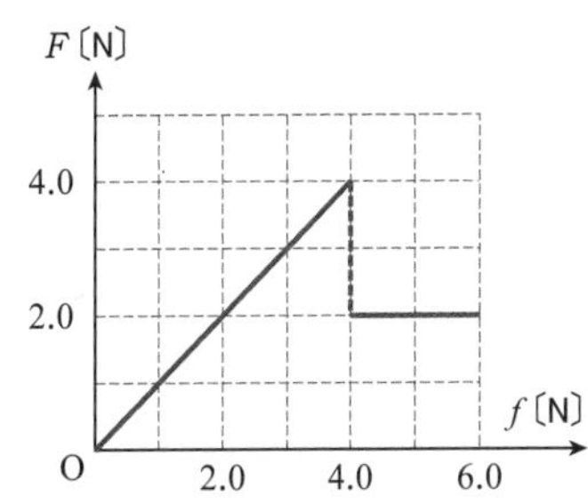

集中トレーニング 6 運動方程式の練習

解答編 p.19

要点

運動方程式を立てる手順を身につけ，使いこなせるようになろう。

軽い糸を用いて，質量 m の物体を大きさ T の力で引き上げる。このとき，運動方程式は，次のようにして立てることができる。

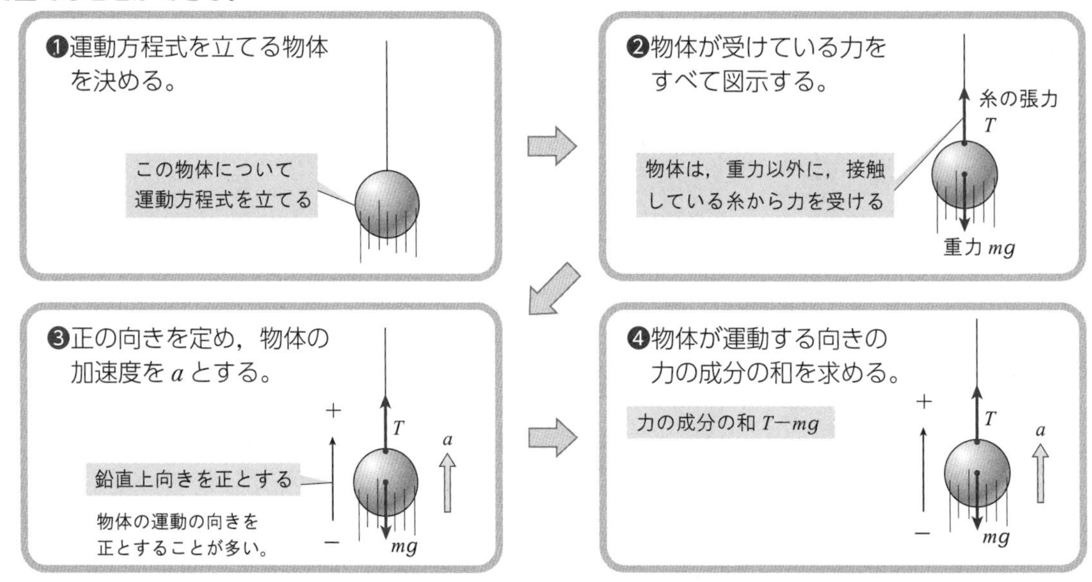

❺力の成分の和 $T-mg$ を，運動方程式「$ma=F$」に代入する。　$ma=T-mg$

演習問題

学習日：　月　日／学習時間：　分

知識

☑ **112. 水平面上の物体**▶ なめらかな水平面上に質量 2.0kg の物体がある。物体の点Aを右向きに 4.0N の力で，点Bを左向きに 2.0 N の力で押したとき，物体の加速度はどちら向きに何 m/s^2 か。

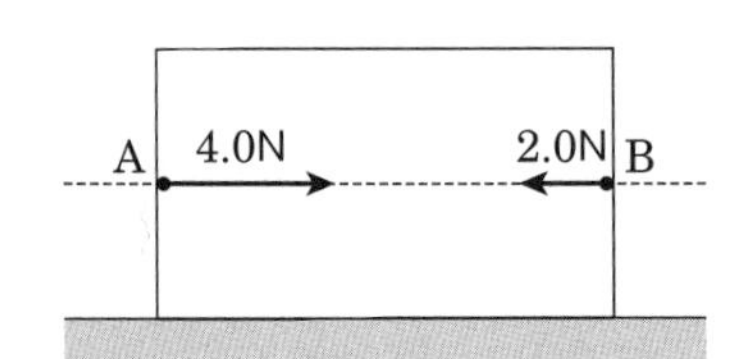

答

知識

☑ **113. エレベーター**▶ 質量 50kg の人を乗せたエレベーターが，鉛直上向きに運動している。グラフは，エレベーターの速さ v〔m/s〕と時間 t〔s〕の関係を示している。重力加速度の大きさを 9.8 m/s^2 とする。

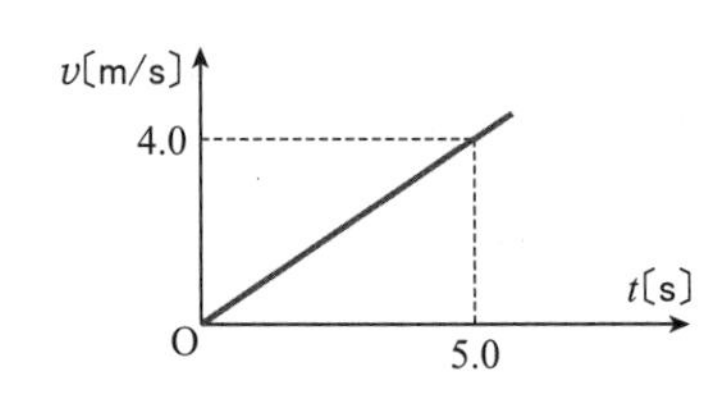

(1) 鉛直上向きを正とすると，エレベーターの加速度は何 m/s^2 か。

答

(2) 人が受ける垂直抗力の大きさは何 N か。

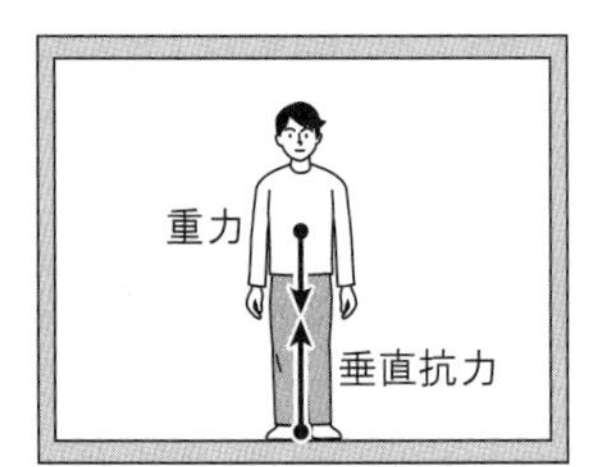

答

チェック
□運動方程式を立てる手順を理解し，手順に沿って式を立てることができる。
□さまざまな運動について運動方程式を立て，物体の加速度などを求めることができる。

知識

☑ **114. 接する2つの物体**▶ なめらかな水平面上に，質量 3.0kg の物体Aと，質量 5.0kg の物体Bが接して置かれている。Aを大きさ 8.0N の力で水平方向に押したとき，物体A, Bの加速度の大きさは何 m/s^2 か。また，物体AがBを押す力の大きさは何Nか。

A　8.0N　B

答　加速度：　　　　　力：

知識

☑ **115. アトウッドの装置**▶ 質量 m のおもりAと質量 $M(>m)$ のおもりBを軽い糸でつないで滑車にかけ，静かに手をはなすと，動き始めた。おもりA, Bの加速度の大きさを a，糸の張力の大きさを T，重力加速度の大きさを g として，次の各問に答えよ。

(1) 動き出す向きを正として，おもりA, Bの運動方程式をそれぞれ立てよ。

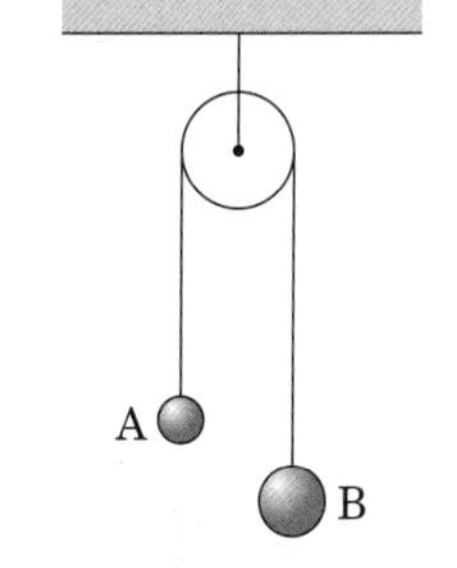

答　A：　　　　　B：

(2) 加速度の大きさ a，および糸の張力の大きさ T を求めよ。

答　a：　　　　　T：

知識

☑ **116. 粗い水平面上の物体**▶ 粗い水平面上にある質量 50kg の物体を，右向きに 2.0×10^2N の力で押してすべらせる。物体の加速度は，どちら向きに何 m/s^2 か。ただし，物体と水平面との間の動摩擦係数を 0.20，重力加速度の大きさを $9.8m/s^2$ とする。

50kg
2.0×10^2N

答

知識

☑ **117. 粗い斜面上の物体**▶ 水平となす角が 30° の粗い斜面上を，質量 m の物体がすべっている。斜面下向きに x 軸，斜面と垂直上向きに y 軸をとる。物体と斜面との間の動摩擦係数を μ'，重力加速度の大きさを g として，次の各問に答えよ。ただし，答えは分数のままでよく，ルートをつけたままでよい。

(1) 物体の加速度の大きさを a，物体にはたらく垂直抗力の大きさを N，動摩擦力の大きさを F' として，x 軸方向，y 軸方向それぞれの運動方程式を立てよ。

m　y　x　30°

答　x：　　　　　y：

(2) 動摩擦力の大きさ F'，加速度の大きさ a を求めよ。

答　F'：　　　　　a：

13 流体から受ける力

学習のまとめ

1 圧力

物体の表面を単位面積あたりに押す力の大きさを**圧力**という。面積 S〔m^2〕の面に垂直に，大きさ F〔N〕の力がはたらくとき，圧力 p〔Pa〕は次式で表される。

$p=$(ア　　　　　　　)

圧力の単位には(イ　　　　　　　　　)(記号 Pa)が用いられ，1Pa=1 N/m^2 である。

プラス＋
圧力は，単位面積あたりにはたらく力の大きさであり，力とは異なる物理量である。

2 大気圧と水圧

水や空気のような液体や気体のことをまとめて(ウ　　　　　　)という。大気中ではたらく圧力を(エ　　　　　　　)といい，海面の高さではほぼ 1.0×10^5 Pa である。

水中ではたらく圧力を(オ　　　　　　　)という。水面が大気と接する場合，深さ h〔m〕における水圧 p〔Pa〕は，水の密度を ρ〔kg/m^3〕，重力加速度の大きさを g〔m/s^2〕，大気圧を p_0〔Pa〕とすると，次式で表される。

$p=$(カ　　　　　　　　　　)

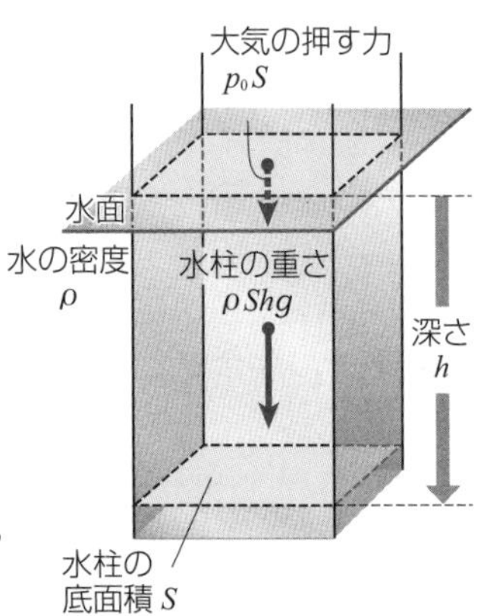

プラス＋
水圧は，同じ深さであればどの方向にも同じ大きさである。

3 浮力

水中の物体は，深さによる水圧の違いから，鉛直上向きの力を受ける。この力を(キ　　　　　　)といい，その大きさは，物体と同体積の水の重さに等しい。これを(ク　　　　　　　　　)の原理という。

水中の物体にはたらく浮力の大きさ F〔N〕は，水の密度を ρ〔kg/m^3〕，水中にある物体の体積を V〔m^3〕，重力加速度の大きさを g〔m/s^2〕とすると，次式で表される。

$F=$(ケ　　　　　　　　)

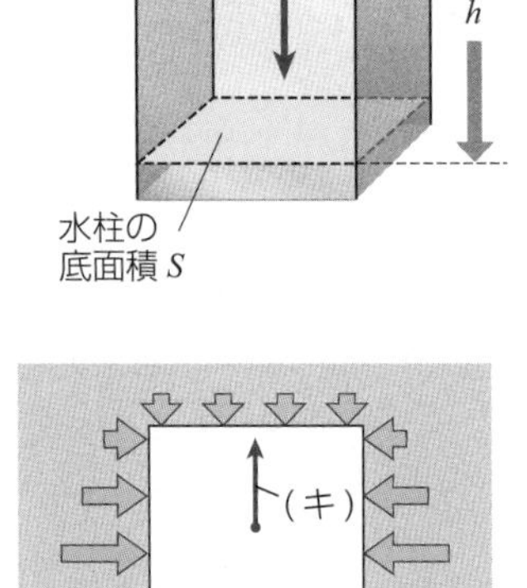

プラス＋
直方体の上面よりも，下面が受ける水圧の方が大きく，これによって浮力が生じる。

確認問題

本テーマ(p.36～37)の問題では，特にことわりがない限り，重力加速度の大きさは 9.8m/s^2 とする。

☑ **118.** 面積 2.0m^2 の平面に垂直に，60N の力がはたらくとき，圧力は何 Pa か。知識 ➡1

答 ____________

☑ **119.** 水深 20m の地点で物体が受ける圧力は何 Pa か。ただし，水の密度を 1.0×10^3 kg/m^3，水面での大気圧を 1.0×10^5 Pa とする。知識 ➡2

答 ____________

☑ **120.** 体積 2.0×10^{-3} m^3 の物体が完全に水中に沈んでいる。物体にはたらく浮力の大きさは何 N か。ただし，水の密度を 1.0×10^3 kg/m^3 とする。知識 ➡3

答 ____________

チェック
□圧力と力の関係を理解している。
□大気圧と水圧の特徴を理解している。

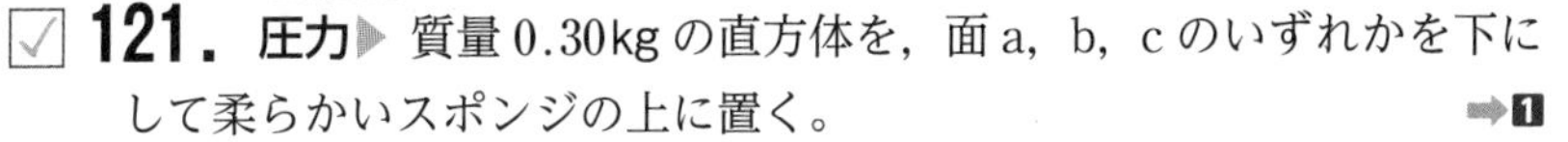

知識

☑ **121. 圧力▶** 質量0.30kgの直方体を，面a，b，cのいずれかを下にして柔らかいスポンジの上に置く。 ➡1

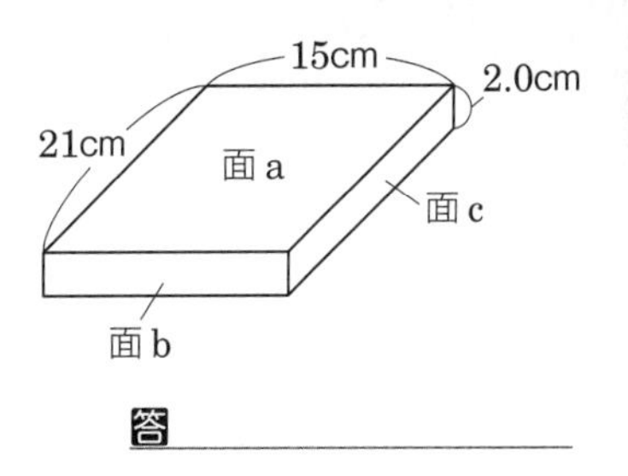

(1) スポンジがもっとも沈むのは，どの面を下にして置いたときか。

答 ＿＿＿＿＿＿

(2) (1)のとき，スポンジが直方体から受ける圧力は何Paか。

答 ＿＿＿＿＿＿

知識

☑ **122. 水圧▶** 海面付近における大気圧を1.0×10^5Paとして，次の各問に答えよ。 ➡2

(1) 底面積1.0m^2，高さ10mの水柱の重さは何Nか。ただし，水の密度を$1.0\times10^3\text{kg/m}^3$とする。

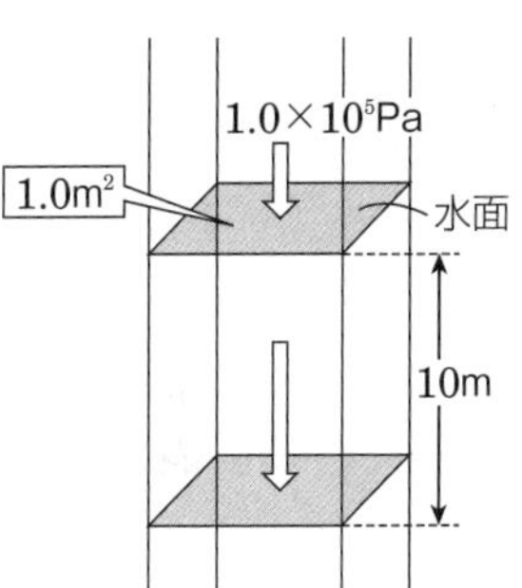

答 ＿＿＿＿＿＿

(2) 水中で，深さ10mにある物体が鉛直下向きに受ける圧力の大きさは何Paか。

答 ＿＿＿＿＿＿

知識

☑ **123. 浮力▶** 密度ρ，体積Vの氷が，密度ρ_sの海水に浮かんでいる。海水中にある氷の体積をV_s，重力加速度の大きさをgとして，次の各問に答えよ。 ➡3

(1) 氷が受ける重力と浮力の大きさを求めよ。

答 重力：＿＿＿＿＿＿ 浮力：＿＿＿＿＿＿

(2) 氷の海面から出ている部分の体積を，V，ρ，ρ_sを用いて表せ。

答 ＿＿＿＿＿＿

思考

☑ **124. 浮力▶** 空気中でばねばかりにおもりをつるしたとき，ばねばかりは5.0Nを示していた。このおもりを水中に沈めたとき，ばねばかりが示す値はどのように変化するだろうか。理由とともに答えよ。 ➡3

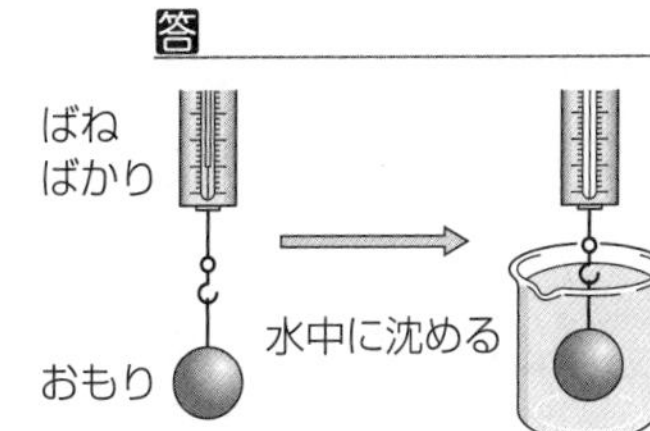

答 変化：＿＿＿＿＿＿

理由：＿＿＿＿＿＿

チェック
□水圧と浮力の関係を理解している。
□アルキメデスの原理を理解している。

14 仕事と仕事率

学習のまとめ

1 仕事

物体に力を加えて移動させたとき，その力は物体に**仕事**をしたという。加えた力の大きさを F〔N〕，物体が(ア　　　)の向きに移動した距離を x〔m〕とすると，力が物体にした仕事 W〔J〕は，次式で表される。

$W=$(イ　　　)

仕事の単位には(ウ　　　)(記号 J)が用いられる。

力の向きと移動の向きが垂直の場合，仕事 W〔J〕は(エ　　　)になる。力の向きと移動の向きが逆の場合，力の大きさ F〔N〕，移動距離 x〔m〕を用いて，仕事は次式で表される。

$W=$(オ　　　)

また，力の向きが移動の向きに対して斜めの場合，移動方向の成分 F_x〔N〕のみが仕事をしており，仕事 W〔J〕は次式で表される。

$W=$(カ　　　)

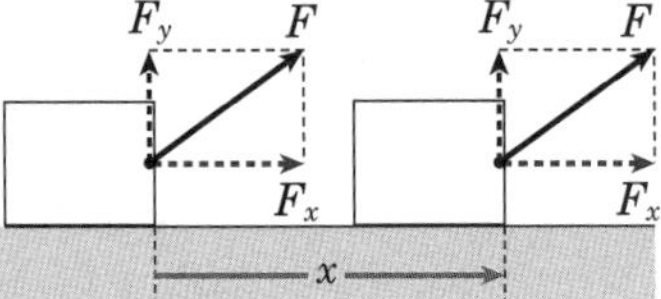
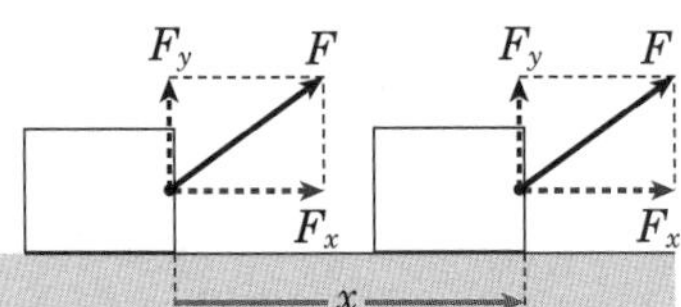

プラス＋

力の向きと移動の向きとのなす角を θ とすると，三角比を用いて，仕事は次式で表される。

$W=Fx\cos\theta$

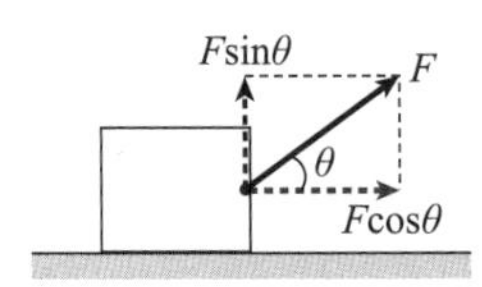

2 仕事の原理

道具を使って仕事をすると，力を小さくすることができるが，その分だけ(キ　　　)が大きくなり，仕事の量は道具を使わないときと変わらない。これを(ク　　　)という。力を小さくする道具として，動滑車，斜面，てこなどがある。

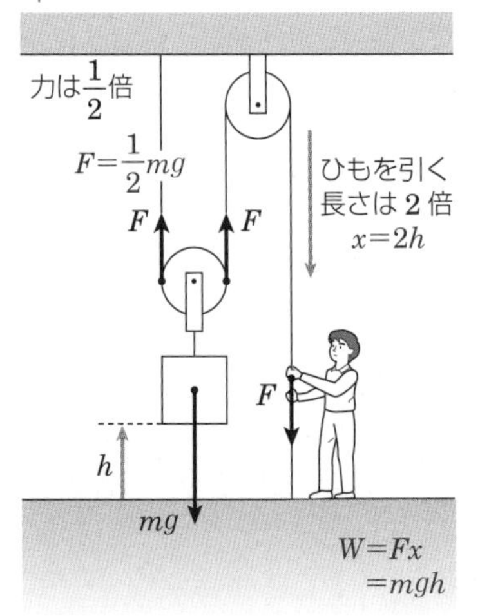

3 仕事率

ある力が単位時間あたりにする仕事 P〔W〕を(ケ　　　)といい，単位には(コ　　　)(記号 W)が用いられる。力が t 秒間に W〔J〕の仕事をするとき，P〔W〕は次式で表される。

$P=$(サ　　　)

確認問題

☑ **125.** 水平面上の物体に，水平方向に 10N の力を加え，力の向きに 3.0m 移動させた。この力がした仕事は何 J か。知識 ➡1

答

☑ **126.** 水平面上の物体に，水平となす角が 60° の向きに 10N の力を加え，水平方向に 3.0m 移動させた。この力がした仕事は何 J か。知識 ➡1

答

☑ **127.** 重さ 50N の荷物を鉛直上向きに 2.0m もち上げる。軽い動滑車を利用し，荷物をひもでつり下げ，25N の力で引けばよい装置をつくった。ひもを引く距離は何 m になるか。知識 ➡2

答

☑ **128.** 1.0 分間に 3.0×10^3 J の仕事をするモーターの仕事率は何 W か。知識 ➡3

答

チェック
□物理における「仕事」の意味を理解している。
□力の向きと物体の移動する向きが異なる場合の仕事を求めることができる。

思考

129. 仕事の正負▶ (1)～(6)の各場合の仕事は，正，負，0 のいずれであるか答えよ。 ➡1

(1) 荷物を手で支えて静止させたときに，支える力がした仕事

(2) 荷物を静かにもち上げたときに，荷物をもつ力がした仕事

(3) 荷物を静かに下ろしたときに，荷物をもつ力がした仕事

(4) 床に置いてある荷物を押したが動かなかったときに，押す力がした仕事

(5) 水平に走行している電車にはたらく重力がした仕事

(6) 走っていた電車が停車したときに，摩擦力がした仕事

答 (1)　　(2)　　(3)　　(4)　　(5)　　(6)

知識

130. 仕事▶ 質量 15kg の荷物にロープをつけ，鉛直上向きに 4.0m，ゆっくりともち上げた。重力加速度の大きさを $9.8\,\mathrm{m/s^2}$ とする。

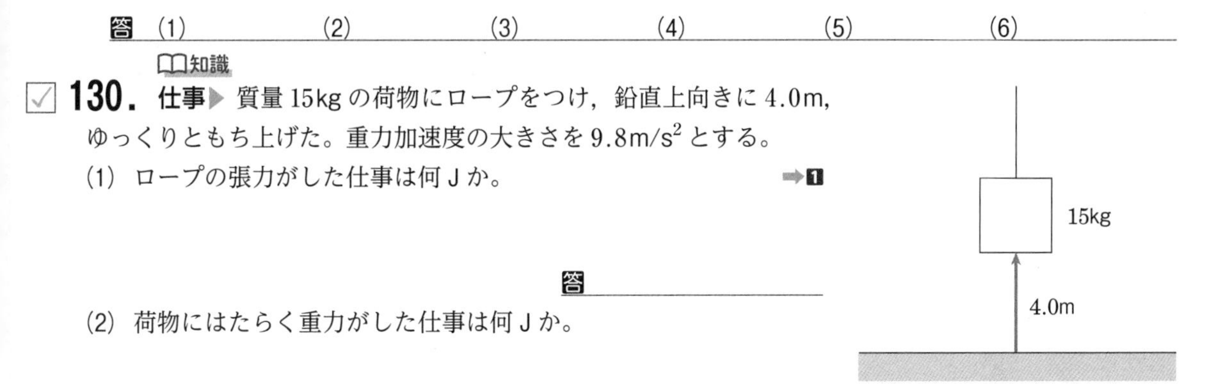

(1) ロープの張力がした仕事は何 J か。 ➡1

答

(2) 荷物にはたらく重力がした仕事は何 J か。

答

知識

131. 仕事の原理▶ 図のように，水平となす角が 30° のなめらかな斜面 AC に沿って，質量 20kg の物体をゆっくりと 3.0m 引き上げた。重力加速度の大きさを $9.8\,\mathrm{m/s^2}$ として，次の各問に答えよ。 ➡2

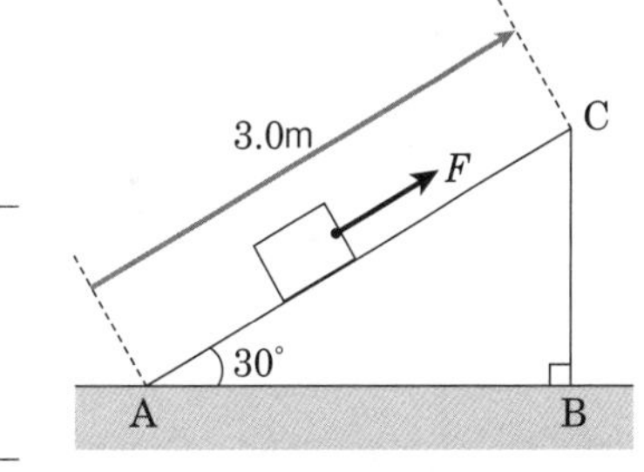

(1) 物体を引き上げるのに必要な力の大きさ F は何 N か。

答

(2) 物体を引き上げる力がした仕事は何 J か。

答

(3) 斜面を使わずに，物体を B から C まで鉛直上向きにゆっくりともち上げるときの仕事は何 J か。

答

知識

132. 仕事率▶ 図のように，軽い動滑車とひもを用いて，重さ 50N の荷物を一定の速さ 0.20m/s で 1.5m 引き上げた。次の各問に答えよ。 ➡3

(1) 人がした仕事は何 J か。

答

(2) このときの仕事率は何 W か。

答

チェック
□仕事の原理を理解している。
□仕事率の意味を理解し，さまざまな仕事の仕事率を求めることができる。

15 運動エネルギー

●解答編 p.23

学習のまとめ

1 エネルギー

物体が他の物体に仕事をする能力を(ア　　　　　　　　)という。その単位には，仕事と同じ(イ　　　　　　　　)(記号 J)が用いられる。

2 運動エネルギー

運動する物体がもつエネルギー K〔J〕を(ウ　　　　　　　　　　)といい，物体の質量を m〔kg〕，速さを v〔m/s〕として，次式で表される。

$$K=\left(^{エ}\qquad\qquad\right)$$

プラス＋ 物体の運動エネルギーは，その物体が静止するまでに，他の物体にすることのできる仕事に等しい。

3 運動エネルギーの変化と仕事

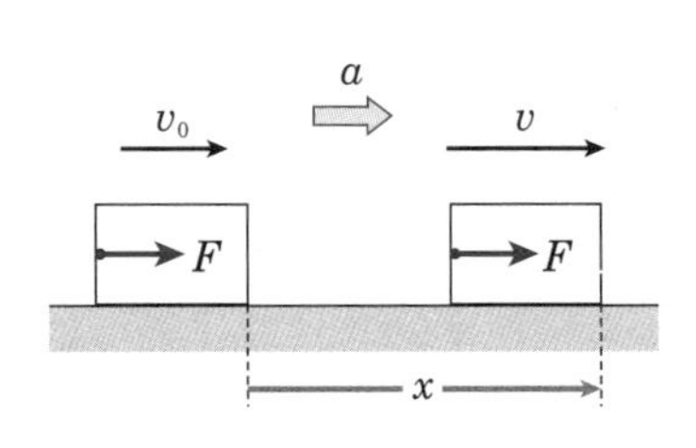

なめらかな水平面上で速度 v_0〔m/s〕で運動する質量 m〔kg〕の物体を，運動の向きに，一定の大きさ F〔N〕の力で押し続ける。このとき，物体の加速度 a〔m/s²〕は，運動の向きを正とすると，$a=$(オ　　　　)である。距離 x〔m〕を移動したときの物体の速度を v〔m/s〕とすると，等加速度直線運動の式「$v^2-v_0{}^2=2ax$」から，

$$v^2-v_0{}^2=\left(^{カ}\qquad\qquad\right)$$

さらに，両辺に $\frac{1}{2}m$ をかけると，次のようになる。

$$\frac{1}{2}mv^2-\frac{1}{2}mv_0{}^2=\left(^{キ}\qquad\qquad\right)$$

この式の左辺は物体の(ク　　　　　　　　)の変化であり，右辺は物体が受けた(ケ　　　　　)である。一般に，物体の運動エネルギーの変化は，その間に物体がされた仕事 W〔J〕に等しい。

$$\frac{1}{2}mv^2-\frac{1}{2}mv_0{}^2=\left(^{コ}\qquad\qquad\right)$$

プラス＋ ある量の変化は，(変化後の量)－(変化前の量)であり，負の値になる場合もある。

プラス＋ 物体が正の仕事をされると，その運動エネルギーは増加し，負の仕事をされると減少する。

確認問題

☑ **133.** 速さ 5.0m/s で運動している質量 4.0kg の物体の運動エネルギーは何 J か。📖知識 ➡2

答 ＿＿＿＿＿＿

☑ **134.** 50J の運動エネルギーをもつ物体が，静止するまでに他の物体にすることのできる仕事は何 J か。📖知識 ➡2

答 ＿＿＿＿＿＿

☑ **135.** なめらかな水平面上をすべっていた物体が，20J の仕事をされた。物体の運動エネルギーは何 J 増加するか。📖知識 ➡3

答 ＿＿＿＿＿＿

☑ **136.** なめらかな水平面上を速さ 10m/s ですべっていた質量 2.0kg の物体が，96J の仕事をされた。物体の速さは何 m/s になるか。📖知識 ➡3

答 ＿＿＿＿＿＿

チェック
□物体がもつエネルギーと，その物体が他の物体にする仕事の関係を理解している。
□物体のもつ運動エネルギーを計算することができる。

練習問題

学習日：　　月　　日／学習時間：　　分

知識

☑ **137. 運動エネルギー**▶ 質量 1.0×10^3kg の自動車が，2.0×10^5J の運動エネルギーをもって走行している。次の各問に答えよ。 ➡2

(1) この自動車の速さは何 m/s か。

1.0×10^3kg

答 ＿＿＿＿＿＿＿＿

(2) 運動エネルギーを 4 倍にするには，何 m/s で走行する必要があるか。

答 ＿＿＿＿＿＿＿＿

知識

☑ **138. 運動エネルギーの変化と仕事**▶ なめらかな水平面上を速さ 2.0m/s で運動していた質量 4.0kg の物体に，運動の向きに，一定の大きさ 50N の力を加え続け，0.20m 移動させた。次の各問に答えよ。 ➡3

(1) この間に物体がされた仕事は何 J か。

2.0m/s　50N　50N　0.20m

答 ＿＿＿＿＿＿＿＿

(2) 物体の速さは何 m/s になったか。

答 ＿＿＿＿＿＿＿＿

知識

☑ **139. 動摩擦力による仕事**▶ 粗い水平面上で，質量 2.0kg の物体に 3.0m/s の初速度を与えてすべらせると，6.0m 進んで静止した。物体が受けた動摩擦力の大きさは何 N か。 ➡3

答 ＿＿＿＿＿＿＿＿

思考

☑ **140. 運動エネルギーの式の導出**▶ なめらかな水平面上を速さ v で運動していた質量 m の物体が，おもりをのせた軽いものさしを押しながら等加速度直線運動をし，距離 s だけ移動して静止した。右向きを正として，次の各問に答えよ。 ➡3

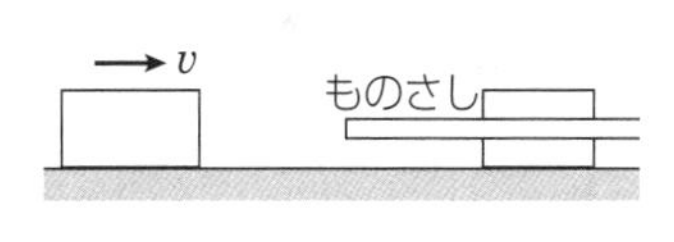

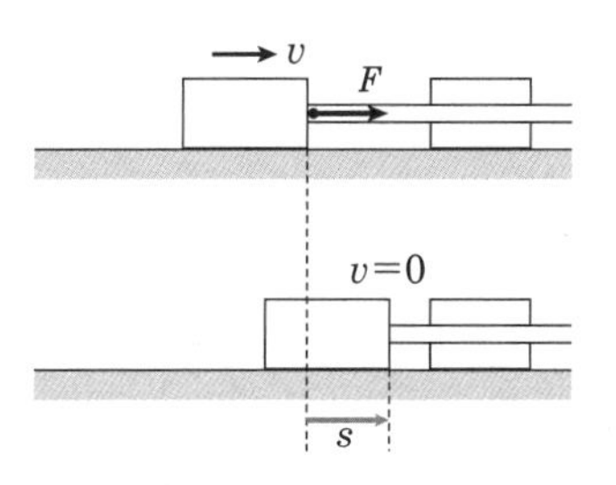

(1) 物体がものさしを押す力の大きさを F として，物体の加速度 a を求めよ。

答 ＿＿＿＿＿＿＿＿

(2) 等加速度直線運動の式「$v^2-v_0{}^2=2ax$」を利用して，v，a，s の間に成り立つ関係を表せ。

答 ＿＿＿＿＿＿＿＿

(3) 静止するまでに物体がした仕事 Fs を，m，v を用いて表せ。

答 ＿＿＿＿＿＿＿＿

チェック
□運動エネルギーの式「$K=\frac{1}{2}mv^2$」の導き方を理解している。
□物体の運動エネルギーの変化と，された仕事の関係を理解している。

16 位置エネルギー

学習のまとめ

1 重力による位置エネルギー

高い位置にある物体はエネルギーをもち，低い位置へ移ることによって，仕事をすることができる。このエネルギーを(ア　　　　　)による位置エネルギーという。基準の高さから h〔m〕の高さにある質量 m〔kg〕の物体がもつ重力による位置エネルギー U〔J〕は，重力加速度の大きさを g〔m/s²〕として次式で表される。

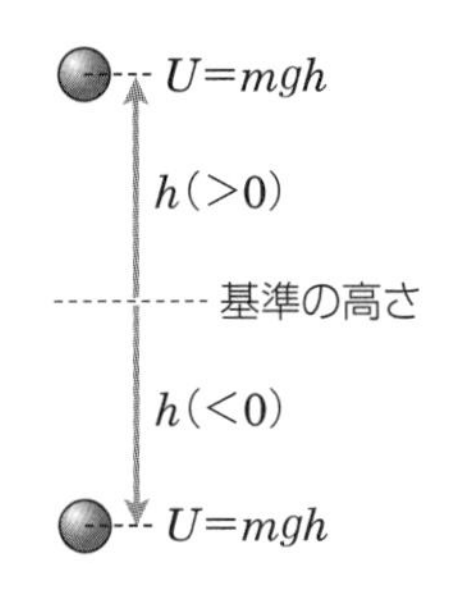

U=(イ　　　　　　　)

Uは，物体がその高さから基準の高さへ移動するまでに，(ウ　　　　　　)がする仕事に等しい。Uの値の正負は，物体が基準の高さより上にあるときは(エ　　　　　)，基準の高さより下にあるときは(オ　　　　　)となる。

プラス＋ 位置エネルギーの基準は，どこにとってもよい。ただし，基準のとり方で U の値が変わることに注意する。

2 弾性力による位置エネルギー

縮んだ(伸びた)ばねにつけられた物体がもつエネルギーを(カ　　　　　)による位置エネルギーといい，ばねが自然の長さにもどるまでに，弾性力が物体にする仕事に等しい。ばね定数 k〔N/m〕のばねの一端に物体をつけ，ばねを自然の長さから x〔m〕縮めた(伸ばした)とき，物体がもつ弾性力による位置エネルギー U〔J〕は，次式で表される。

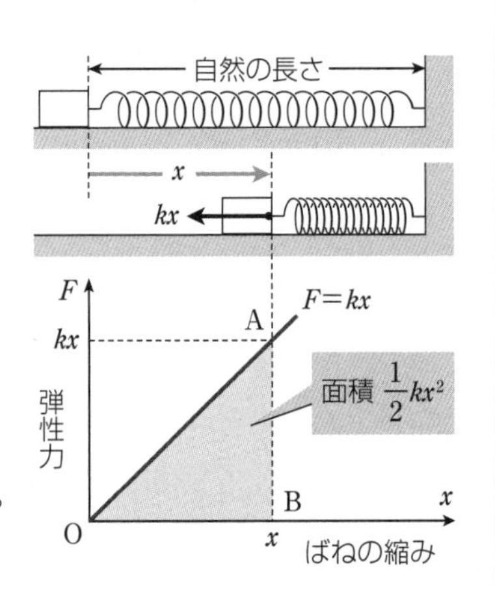

U=(キ　　　　　　　)

プラス＋ 弾性力による位置エネルギーは，変形したばねがもつと考えて，弾性エネルギーとよばれることもある。

プラス＋ 縮んだ(伸びた)ばねが自然の長さにもどるまでに弾性力がする仕事は，図の△OABの面積に等しい。

確認問題

本テーマ(p.42〜43)の問題では，重力加速度の大きさは 9.8m/s² とする。

☑ **141.** 床からの高さが 1.0m のテーブルの上に，質量 5.0kg の物体が置かれている。床の高さを基準としたとき，物体がもつ重力による位置エネルギーは何 J か。知識 ➡1

答

☑ **142.** 床からの高さが 1.0m のテーブルの上に，質量 5.0kg の物体が置かれている。テーブルの高さを基準としたとき，物体がもつ重力による位置エネルギーは何 J か。知識 ➡1

答

☑ **143.** 縮めたばねの一端に物体をつけてはなすと，自然の長さにもどるまでに弾性力が物体に 50J の仕事をした。物体がもっていた弾性力による位置エネルギーは何 J か。知識 ➡2

答

☑ **144.** ばね定数 50N/m のばねの一端に物体をつけて，ばねを 0.10m 縮めた。このとき，物体がもつ弾性力による位置エネルギーは何 J か。知識 ➡2

答

チェック
□物体のもつ重力による位置エネルギーを計算することができる。
□さまざまな基準のとり方で，重力による位置エネルギーを求めることができる。

知識

145. 重力による位置エネルギーの基準 質量10kgの物体が，地上3.0mの高さにある。①地上1.0mの高さ，②地上5.0mの高さをそれぞれ基準としたとき，物体がもつ重力による位置エネルギーは何Jか。 ➡1

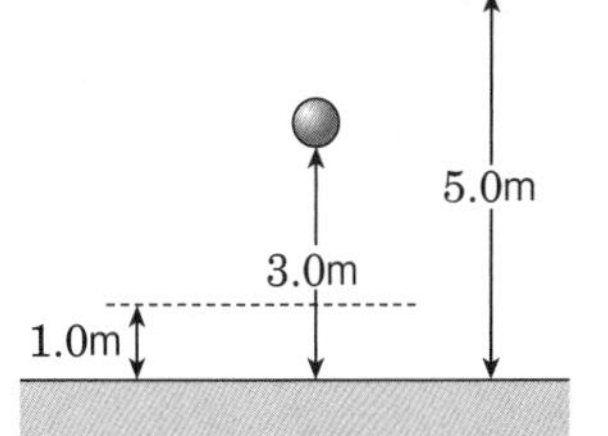

答 ①：　　②：

知識

146. 重力による位置エネルギー 質量1.0kgのおもりAと質量0.50kgのおもりBを糸でつないで滑車にかけ，Aが地上2.0mの高さにくるようにして，静かにはなす。すると，Aは地面まで落下し，Bは2.0m上昇した。次の各問に答えよ。 ➡1

(1) Aが失った重力による位置エネルギーは何Jか。

答

(2) Bが得た重力による位置エネルギーは何Jか。

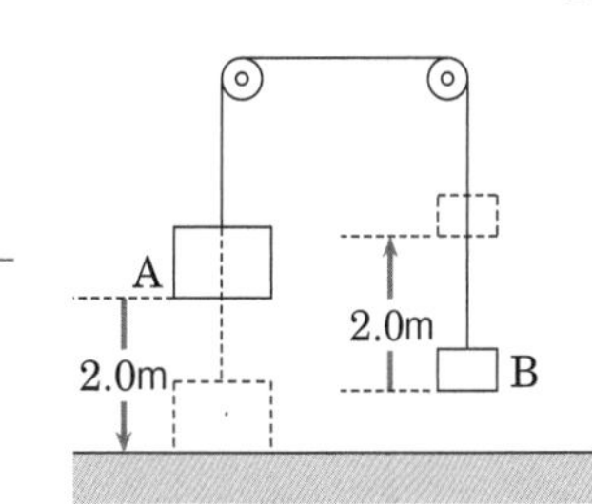

答

(3) 重力がA，Bにした仕事の合計は何Jか。

答

知識

147. 弾性力による位置エネルギー ばね定数80N/mのばねの一端に物体をつけて，ばねを伸ばす。 ➡2

(1) ばねを自然の長さから0.10m伸ばしたとき，物体がもつ弾性力による位置エネルギーは何Jか。

答

(2) (1)の状態からさらに0.10m伸ばしたとき，物体がもつ弾性力による位置エネルギーは何Jか。

答

(3) (1)の状態から(2)の状態にするのに必要な仕事は何Jか。

答

思考

148. 弾性力による位置エネルギー ばね定数k〔N/m〕のばねを，なめらかな水平面上に置き，一端を壁に固定した。ばねのもう一端には物体をつけて引っ張り，ばねを自然の長さからx〔m〕伸ばした。 ➡2

(1) ばねが自然の長さにもどるまでに，ばねの弾性力が物体にする仕事は，グラフのどの部分の面積に相当するか。斜線で示せ。

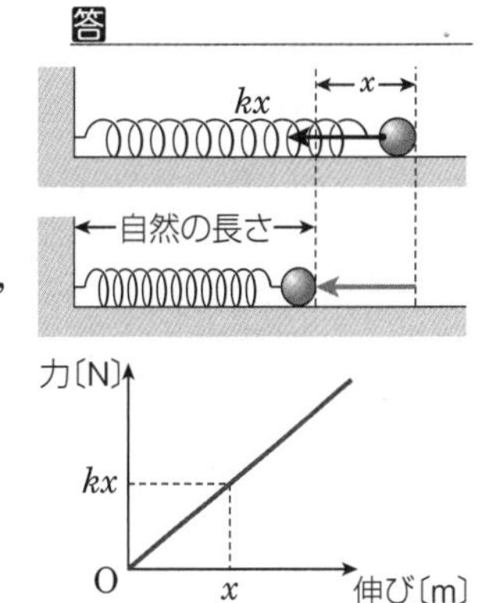

(2) ばねの伸びを$2x$〔m〕にした場合，自然の長さにもどるまでに，弾性力が物体にする仕事は(1)と比べて何倍になるか。グラフを用いて考えよ。

答

チェック
□物体のもつ弾性力による位置エネルギーを計算することができる。
□弾性力による位置エネルギーをグラフから求めることができる。

17 力学的エネルギーの保存①

学習のまとめ

1 力学的エネルギー

物体の運動エネルギーと位置エネルギーの和を(ア　　　　)エネルギーという。物体が，(イ　　　　)や弾性力だけから仕事をされて運動するとき，運動エネルギー K と位置エネルギー U は相互に変換するが，その和である力学的エネルギー E は一定に保たれる。

$E=$(ウ　　　　)＝一定

これを(エ　　　　)の法則という。

2 重力による運動と力学的エネルギー

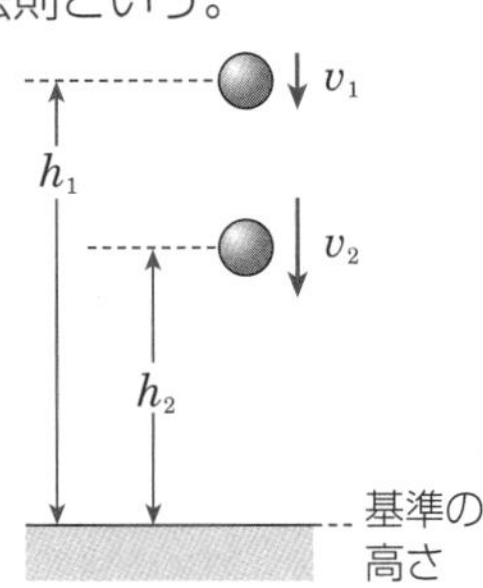

質量 m〔kg〕の物体が自由落下するとき，高さ h_1〔m〕での速さを v_1〔m/s〕，高さ h_2〔m〕での速さを v_2〔m/s〕とすると，力学的エネルギー保存の法則は，次式で表される。

$$\frac{1}{2}mv_1^2+mgh_1=\left(^{オ}\qquad\qquad\right)$$

この関係は，どの高さの2点間でも成り立つ。

プラス＋
この関係は，2点間における運動エネルギーの変化が，重力がした仕事に等しいとして導くことができる。
$\frac{1}{2}mv_2^2-\frac{1}{2}mv_1^2=mg(h_1-h_2)$

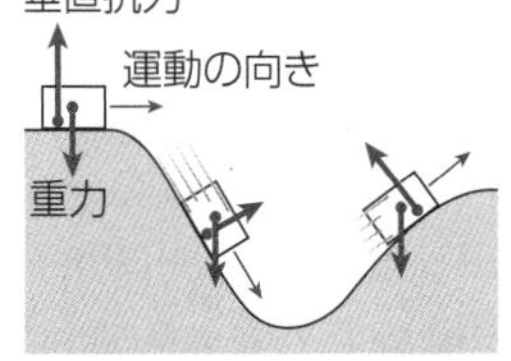

なめらかな曲面を運動する物体が受ける(カ　　　　)は，物体の運動方向と常に垂直にはたらき，仕事をしない。そのため，物体は重力だけから仕事をされる。

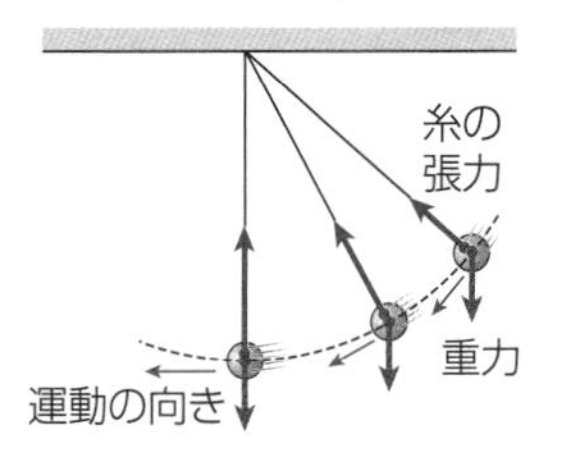

また，天井からつりさげられた振り子が受ける(キ　　　　)は，おもりの運動方向と常に垂直にはたらき，仕事をしないため，物体は重力だけから仕事をされる。

このように，物体が重力だけから仕事をされて運動する場合，その(ク　　　　)エネルギーは一定に保たれる。

プラス＋
振り子の運動では，振り子の最下点の高さを，重力による位置エネルギーの基準とする場合が多い。

確認問題

☑ **149.** 質量 m〔kg〕の物体が自由落下する。地上 h〔m〕の高さにあるときの物体の速さを v〔m/s〕，重力加速度の大きさを g〔m/s^2〕として，このとき物体がもつ力学的エネルギーを表せ。ただし，重力による位置エネルギーの基準を地面とする。📖知識 ➡1

答

☑ **150.** 高さ10mのなめらかな曲面上の点から，質量5.0kgの小球を静かにはなした。小球が曲面の最下点に達したときの速さは何m/sか。ただし，重力加速度の大きさを9.8m/s^{2}とする。📖知識 ➡2

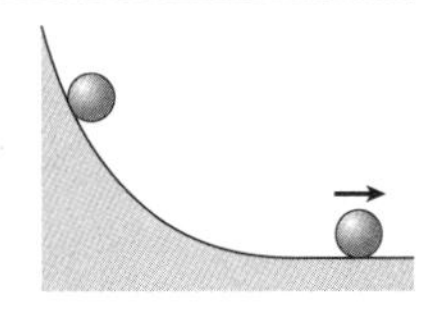

答

☑ **151.** 質量0.20kgの振り子のおもりを，最下点から0.10mの高さまで引き上げ，静かにはなした。最下点でのおもりの速さは何m/sか。ただし，重力加速度の大きさを9.8m/s^{2}とする。📖知識 ➡2

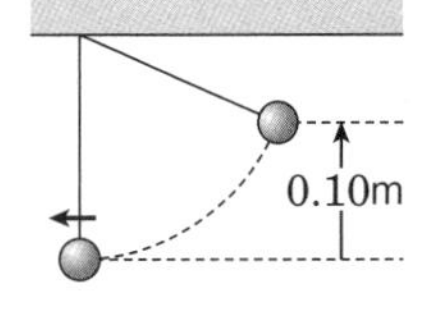

答

チェック
□力学的エネルギー保存の法則を理解している。
□力学的エネルギー保存の法則を利用して，落下運動を考えることができる。

知識

152. 自由落下▶ 質量 0.50kg の物体が，高さ 20m の点Aから自由落下した。次の各問に答えよ。ただし，重力加速度の大きさを 9.8m/s^2，$\sqrt{2}=1.41$ とする。 ➡2

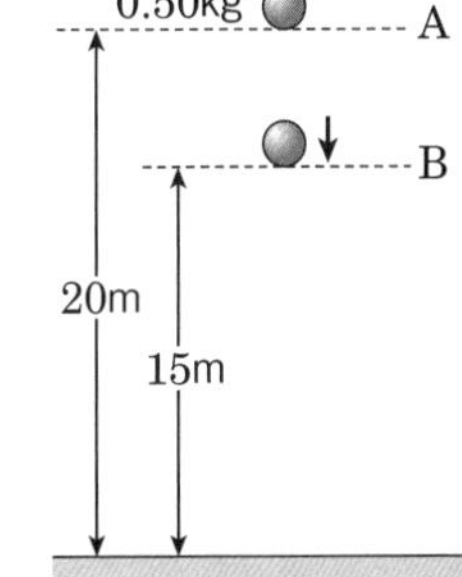

(1) 物体が地面に達する直前の速さは何 m/s か。

答 ＿＿＿＿＿＿

(2) 物体が高さ 15m の点Bを通過するときの速さは何 m/s か。

答 ＿＿＿＿＿＿

知識

153. 鉛直投げ上げ▶ 質量 m〔kg〕の物体を，地上 h_0〔m〕の高さから，鉛直上向きに v_0〔m/s〕の速度で投げ上げた。重力加速度の大きさを g〔m/s^2〕として，次の各問に答えよ。 ➡2

(1) 物体が達する最高点の高さは，投げ上げた地点から何 m か。

答 ＿＿＿＿＿＿

(2) 物体が地面に達する直前の速さは何 m/s か。

答 ＿＿＿＿＿＿

知識

154. 振り子の運動▶ 長さ 0.80m の糸で小球を天井からつり下げ，糸と鉛直方向のなす角が 60° となる高さから静かにはなす。重力加速度の大きさを 9.8m/s^2 として，次の各問に答えよ。 ➡2

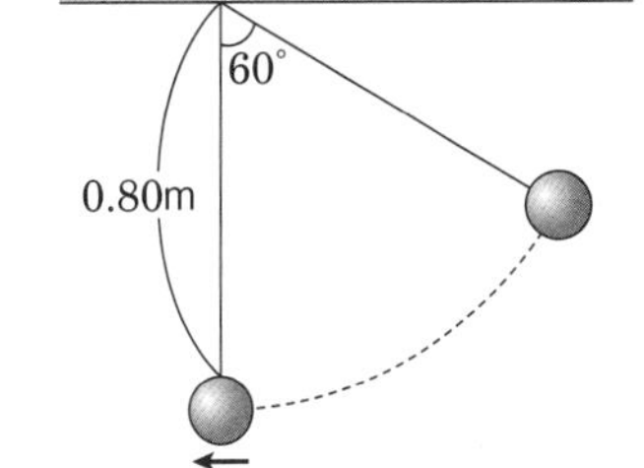

(1) 小球のはじめの高さは，最下点から何 m か。

答 ＿＿＿＿＿＿

(2) 最下点における小球の速さは何 m/s か。

答 ＿＿＿＿＿＿

(3) 小球は，最下点を通過したのち，そこから最大で何 m の高さまで上がるか。

答 ＿＿＿＿＿＿

思考

155. 曲面上を動く物体▶ 図 a，b のように，物体を点Oで静かにはなすと，なめらかな曲面をすべり出す。図 b では，点Pで物体が飛び出した。次の各問に答えよ。 ➡2

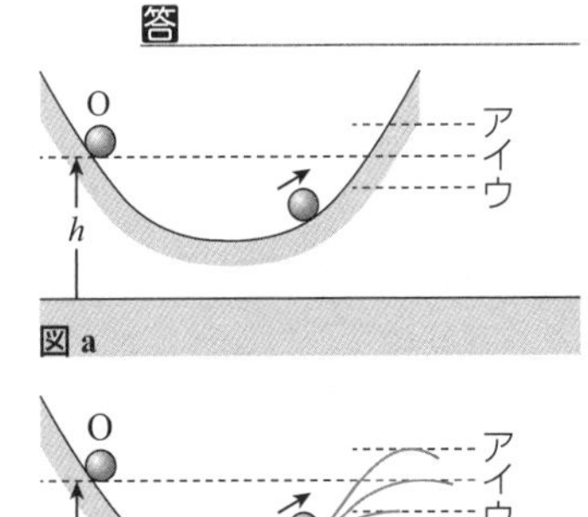

図 a

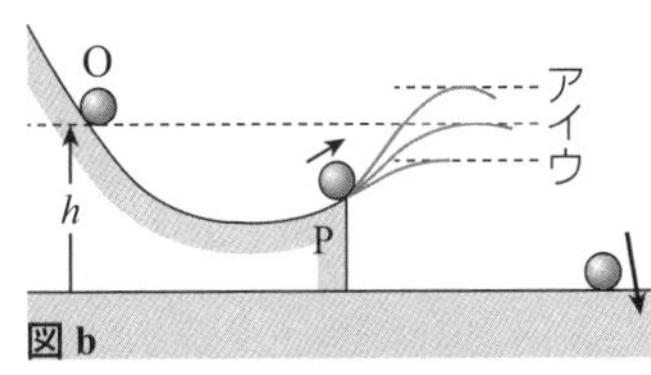

図 b

(1) 図 a について，物体が達する最高点の高さは，ア～ウのどれか。

答 ＿＿＿＿＿＿

(2) 図 b について，物体が達する最高点の高さは，ア～ウのどれか。

答 ＿＿＿＿＿＿

チェック
□力学的エネルギー保存の法則を利用して，振り子の運動を考えることができる。
□力学的エネルギー保存の法則を利用して，なめらかな面上の運動を考えることができる。

●解答編 p.26

18 力学的エネルギーの保存②

学習のまとめ

1 弾性力による運動と力学的エネルギー

なめらかな水平面上に置かれた，ばね定数 k〔N/m〕のばねの一端を壁に固定し，他端に質量 m〔kg〕の物体をつける。ばねを伸ばして(縮めて)静かにはなすと，物体は振動を始める。ばねの伸び(縮み)が x_1〔m〕のときの物体の速さを v_1〔m/s〕，ばねの伸び(縮み)が x_2〔m〕のときの物体の速さを v_2〔m/s〕とすると，力学的エネルギー保存の法則は，次式で表される。

$$\frac{1}{2}mv_1{}^2+\frac{1}{2}kx_1{}^2=\left(^{ア}\qquad\qquad\right)$$

プラス＋
この関係は，2点間における運動エネルギーの変化が，ばねの弾性力がした仕事に等しいとして導くことができる。

$$\frac{1}{2}mv_2{}^2-\frac{1}{2}mv_1{}^2=\frac{1}{2}kx_1{}^2-\frac{1}{2}kx_2{}^2$$

2 力学的エネルギーの変化

力学的エネルギー保存の法則は，物体が摩擦力や空気抵抗から仕事をされるときには成立しない。運動を始めた直後の力学的エネルギー E〔J〕は，物体が摩擦力や空気抵抗から仕事を受けて，力学的エネルギーが E'〔J〕に変化する。このとき，物体が摩擦力や空気抵抗から受ける仕事は物体の(イ　　　　　　)の変化に等しい。

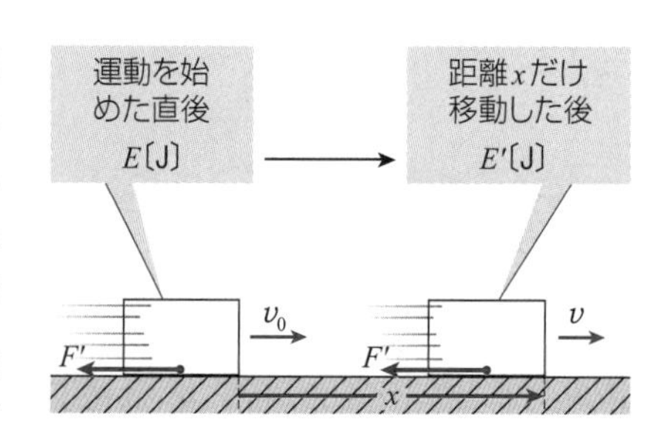

プラス＋
摩擦力や空気抵抗のはたらきによって失われた力学的エネルギーは，熱などの他のエネルギーに変わる。

プラス＋
力学的エネルギーが変化するとき，物体が受ける仕事 W との関係は，$E'-E=W$ となる。

確認問題

156. なめらかな水平面上に置かれた，ばね定数 k〔N/m〕のばねの一端を壁に固定し，他端に質量 m〔kg〕の物体をつけて，振動させる。ばねの伸び(縮み)が x〔m〕のときの物体の速さを v〔m/s〕として，このとき物体がもつ力学的エネルギーを表せ。知識 ➡1

答

157. なめらかな水平面上でばねの一端を壁に固定し，他端に物体をつける。ばねを自然の長さから0.30m伸ばして静かにはなすと，物体は動き始めた。ばねは自然の長さから最大で何m縮むか。知識 ➡1

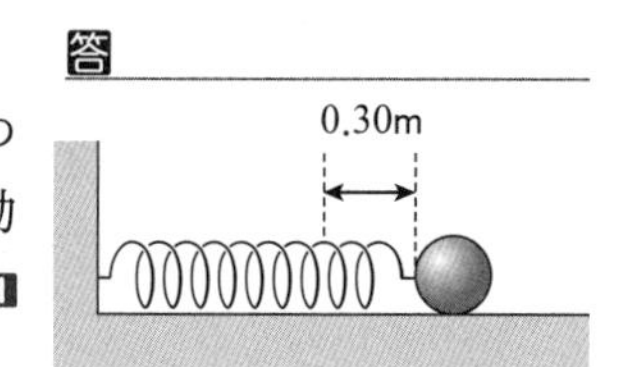

答

158. 7.0Jの運動エネルギーをもつ物体が粗い水平面上をすべり，運動エネルギーが5.0Jになった。動摩擦力が物体にした仕事は何Jか。知識 ➡2

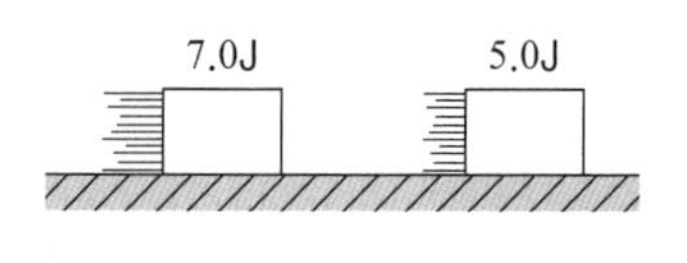

答

チェック
□力学的エネルギー保存の法則を利用して，水平方向のばねの振動を考えることができる。
□力学的エネルギー保存の法則を利用して，鉛直方向のばねの振動を考えることができる。

知識

159. 水平面上のばね▶ なめらかな水平面上に置かれた，ばね定数50N/mのばねの一端を壁に固定し，他端に質量0.020kgの物体をつける。ばねを0.10m伸ばして静かにはなすと，物体は動き始めた。ばねが自然の長さになったときの物体の速さは何m/sか。 ➡1

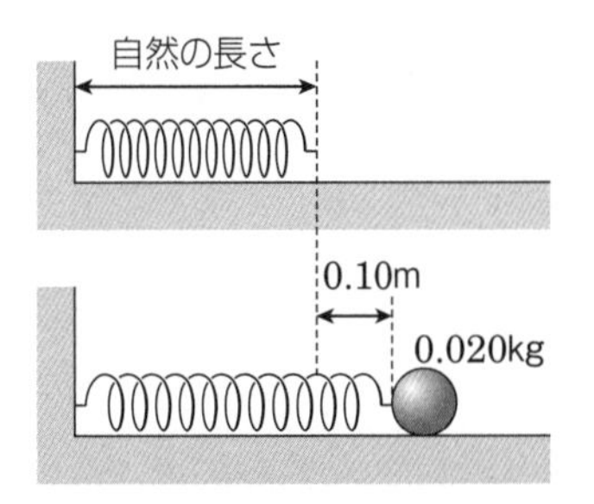

答

知識

160. ばねの弾性力と力学的エネルギー▶ 図のように，なめらかな面上で，ばね定数49N/mのばねに質量0.40kgの物体を押しつけ，ばねを0.20m縮めたところで静かにはなした。重力加速度の大きさを9.8m/s^{2}として，次の各問に答えよ。 ➡1

(1) 物体をはなす直前の，ばねの弾性力による位置エネルギーは何Jか。

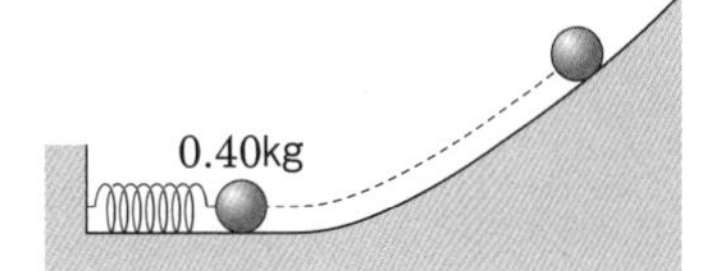

答

(2) 物体が達する最高点の高さは何mか。

答

知識

161. 鉛直につり下げたばね▶ ばね定数98N/mの軽いばねの一端を天井に固定し，他端に質量0.50kgの物体をつけて，ばねが自然の長さとなる高さAで支える(図1)。支えを急に取ると，物体は最大でx〔m〕降下した(図2)。重力加速度の大きさを9.8m/s^2，重力による位置エネルギーの基準の高さをAとして，次の各問に答えよ。 ➡1

(1) 図1の状態で物体がもつ力学的エネルギーは何Jか。

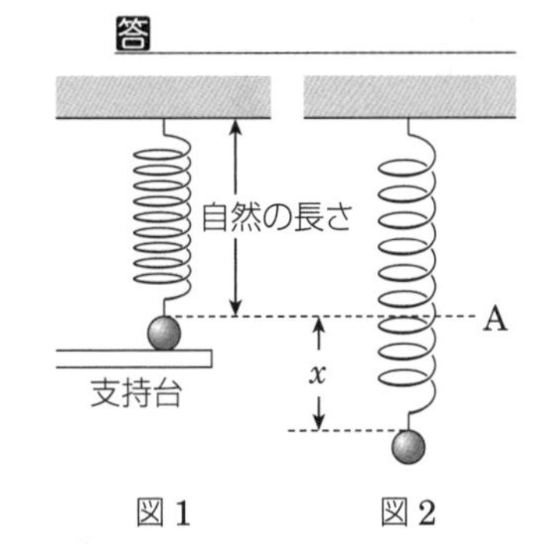

図1　図2

答

(2) 図2の状態で物体がもつ力学的エネルギーを，xを用いて表せ。また，最大降下距離xは何mか。

答　エネルギー：　　x：

思考

162. 力学的エネルギーの損失▶ 図のAB間はなめらかな曲面，BC間は粗い水平面である。質量1.0kgの物体が，高さ1.6mの点Aを静かに出発し，点Bを通過して，点Cで静止した。重力加速度の大きさを9.8m/s^{2}として，次の各問に答えよ。 ➡2

(1) 物体が点Bを通過するときの速さは何m/sか。

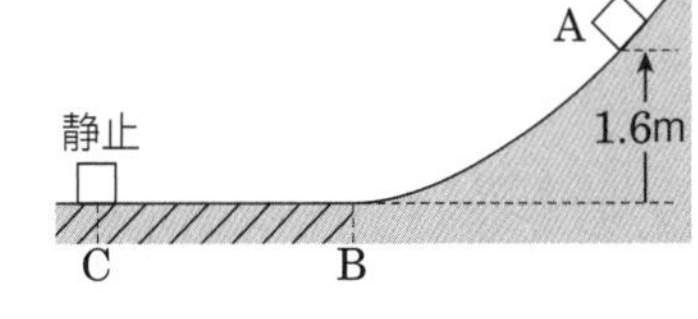

答

(2) この物体がもつ力学的エネルギーを縦軸，点Aからの距離を横軸にとったとき，力学的エネルギーの変化として正しいものはどれか。次の選択肢から選べ。

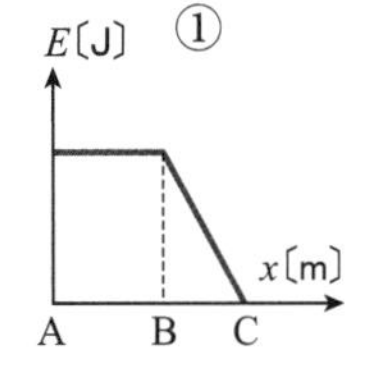

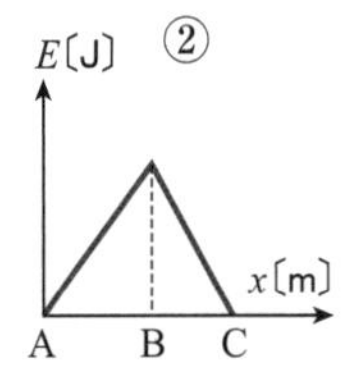

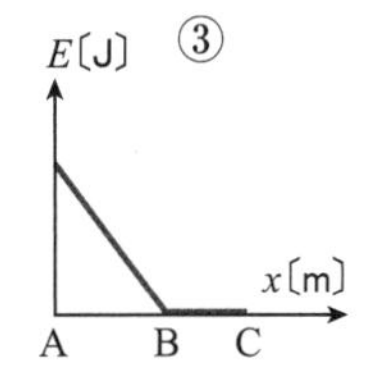

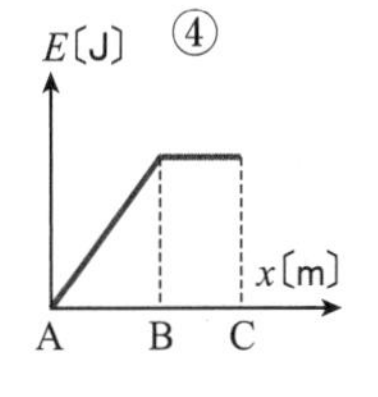

答

チェック □力学的エネルギー保存の法則が成り立たない運動を考え，摩擦力などによる力学的エネルギーの変化を求めることができる。

集中トレーニング 7 力学的エネルギー

解答編 p.27

要点

物体のもつ力学的エネルギーが保存される条件を理解し，さまざまな運動を考えよう。

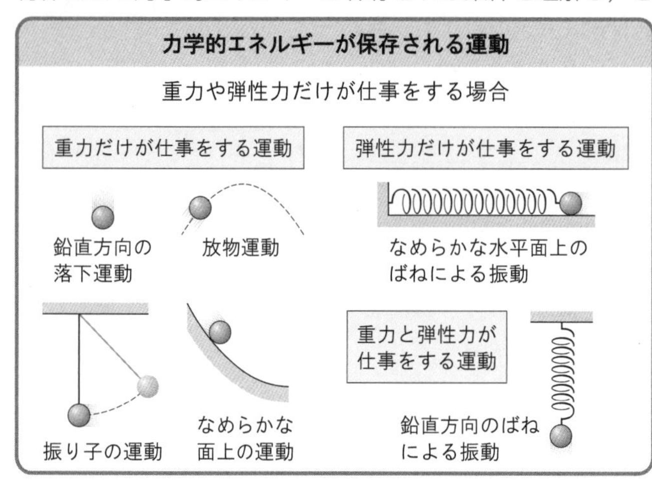

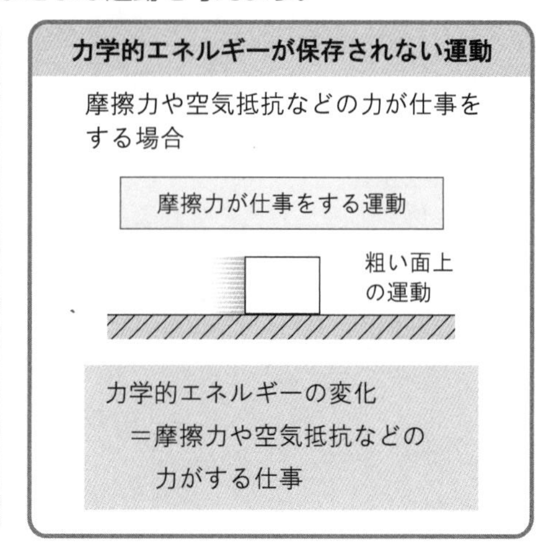

演習問題

学習日：　　月　　日／学習時間：　　分

以下の問題では，重力加速度の大きさを9.8m/s^{2}として答えよ。また，各表には数値計算を行う前の式を記入せよ。ただし，値が 0 となる場合は除く。

知識

☑ **163. 自由落下**▶ 地面からの高さが 1.6m の棚の上(点A)から，質量 0.20kg の物体を静かにはなした。物体が地面に達する直前(点B)における速さを v〔m/s〕とする。

(1) 地面を重力による位置エネルギーの基準として，表の空欄を埋めよ。

	運動エネルギー〔J〕	位置エネルギー〔J〕
点A		
点B		

A
1.6m
B
v

(2) 速さ v は何 m/s か。

答

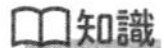
知識

☑ **164. なめらかな曲面上の運動**▶ なめらかな曲面上で，最下点から高さ 9.6m の点Aから，質量 2.0kg の物体を静かにはなした。高さ 6.0m の点Bにおける速さを v〔m/s〕とする。

(1) 最下点を重力による位置エネルギーの基準として，表の空欄を埋めよ。

	運動エネルギー〔J〕	位置エネルギー〔J〕
点A		
点B		

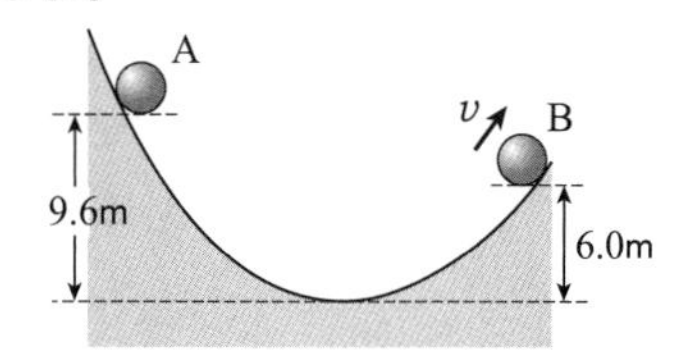

(2) 速さ v は何 m/s か。

答

チェック
□運動の条件から，力学的エネルギーが保存されるか判断することができる。
□力学的エネルギーを利用して，さまざまな物体の運動を考え，物体の速さなどを求めることができる。

知識

165. ばねの振動▶ なめらかな水平面上で，ばね定数 64N/m のばねの一端に質量 1.0kg の物体をつけ，他端を壁につなぐ。ばねを 0.30m 縮めた点Aで物体を静かにはなした。ばねが自然の長さとなる点Bにおける物体の速さを v〔m/s〕とする。

(1) 表の空欄を埋めよ。

	運動エネルギー〔J〕	位置エネルギー〔J〕
点A		
点B		

(2) 速さ v は何 m/s か。

答

知識

166. 鉛直につり下げたばね▶ ばね定数 49N/m の軽いばねに質量 1.0kg の物体をつるす。ばねが自然の長さとなる点Aから物体を静かにはなすと，物体は鉛直方向に振動した。ばねの伸びが 0.20m となる点Bにおける物体の速さを v〔m/s〕とする。

(1) 点Bの高さを位置エネルギーの基準として，表の空欄を埋めよ。

	運動エネルギー〔J〕	位置エネルギー〔J〕	
		重力	弾性力
点A			
点B			

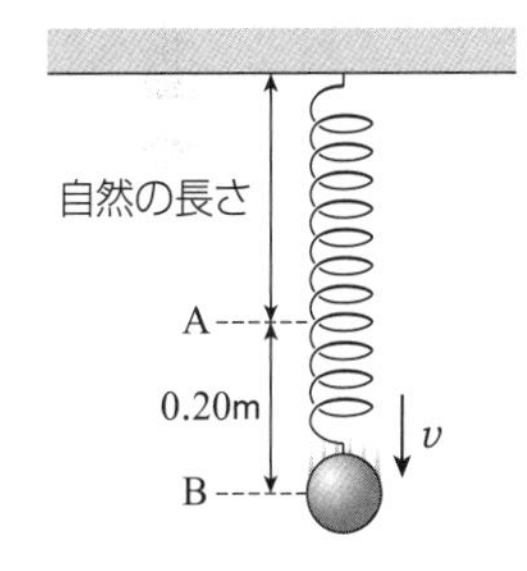

(2) 速さ v は何 m/s か。

答

知識

167. 粗い面上の運動▶ なめらかな曲面ABと粗い水平面BCが接続されている。質量 3.0kg の物体を，高さ 0.60m の点Aから静かにはなすと，物体はすべり出し，点Bから 2.0m はなれた点Cを速さ v〔m/s〕で通過した。物体と面BCとの間の動摩擦係数を 0.10 とする。

(1) 水平面BCの高さを重力による位置エネルギーの基準として，表の空欄を埋めよ。

	運動エネルギー〔J〕	位置エネルギー〔J〕
点A		
点C		

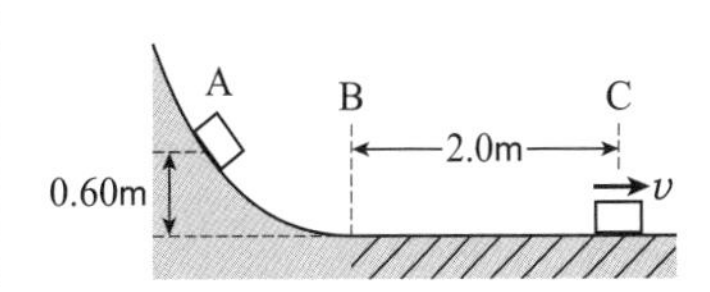

(2) BC間で動摩擦力が物体にした仕事は何 J か。

答

(3) 速さ v は何 m/s か。

答

●解答編 p.28

思考

168. 等加速度直線運動▶ 図のように斜面に台車を置き，静かに手をはなした。このときの台車の運動を，毎秒 50 打点の記録タイマーで測定した。重なっていない最初の打点を基準とし，その時刻を $t=0$ とする。基準とした打点から 5 打点ごとに印をつけ，その区間の距離を測り，その値を基準に近い側から区間ごとに示したものが下の表である。次の各問に答えよ。

区間	1	2	3	4	5
距離〔m〕	0.013	0.028	0.044	0.058	0.073
平均の速さ〔m/s〕					
中央時刻〔s〕	0.05	0.15	0.25	0.35	0.45

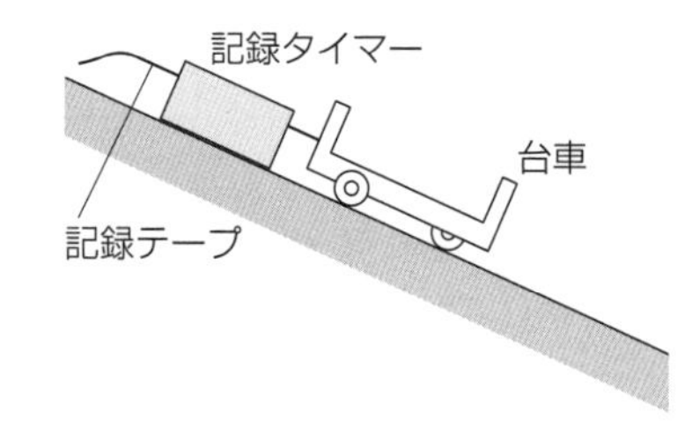

(1) 各区間における平均の速さは何 m/s か。表の空欄を埋めよ。

(2) 区間 1〜5 の測定結果において，平均の速さを各区間における中央時刻の瞬間の速さとする。力学台車の速さ v〔m/s〕と時間 t〔s〕との関係を表す $v-t$ グラフを右の方眼に描け。

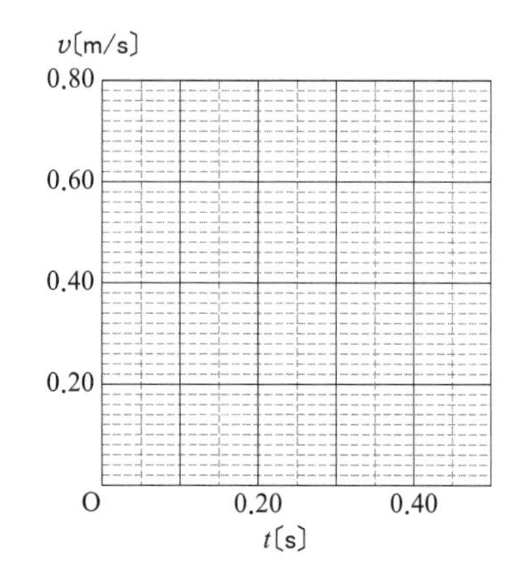

(3) 台車の加速度の大きさは何 m/s² か。最も近いものを次の①〜④のうちから 1 つ選べ。

① 7.3m/s²　② 4.8m/s²
③ 1.5m/s²　④ 0.12m/s²

答

思考

169. 浮力の反作用▶ 水を入れたビーカーを台ばかりにのせ，台ばかりが示す値を確認したのち，軽い糸でつるした球を水の中に入れた。球を沈めたときの台ばかりが示す値について，A と B が会話をしている。2 人の会話が科学的に正しいものになるように，次の(ア)〜(オ)に当てはまる語句や数値を答えよ。

水
球
台ばかり

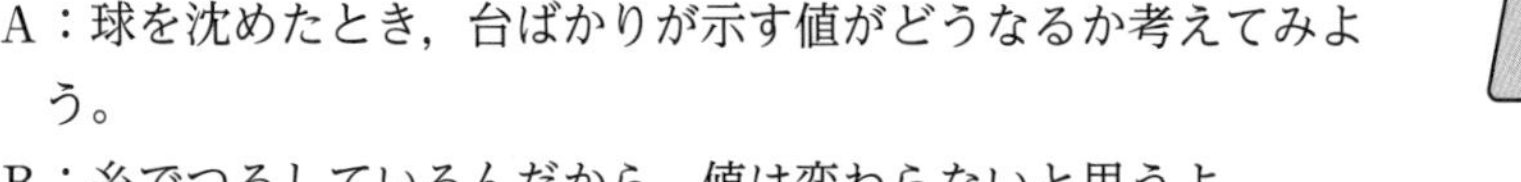

A：球を沈めたとき，台ばかりが示す値がどうなるか考えてみよう。

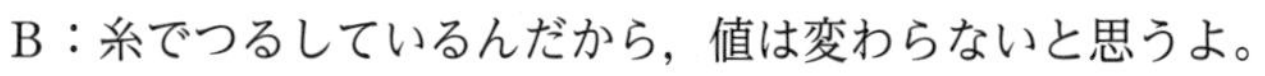

B：糸でつるしているんだから，値は変わらないと思うよ。

A：本当にそうかな。順に考えてみよう。まず，球には，(ア)，(イ)，(ウ)の 3 つの力がはたらいているよね。

B：そうだね。球は静止しているから，それらの 3 つの力はつりあっている。

A：次に，水が受ける力を考えよう。水は，重力のほかに，球にはたらく(エ)の反作用を受けているね。

B：なるほど…。ということは，水を入れたビーカーが台ばかりから受ける垂直抗力は，水とビーカーにはたらく重力の大きさと，(エ)の大きさの和になるのか。

A：そういうことだね。球を沈めたあとの台ばかりの値がどうなるか，もうわかるかな。

B：球を沈める前の垂直抗力の大きさは，水とビーカーが受ける重力の大きさと等しい。したがって，球を沈めたあとの台ばかりの値は，沈める前よりも(オ)くなると考えられるね。

答 (ア)　(イ)　(ウ)　(エ)　(オ)

思考

☑ 170. 運動方程式▶

なめらかな斜面に質量 2.0kg の台車を図のように固定した。ばねばかりの値は，はじめ 3.0N を指していた。この状態から糸を切ったとき，台車は斜面をすべり降りた。次の各問に答えよ。

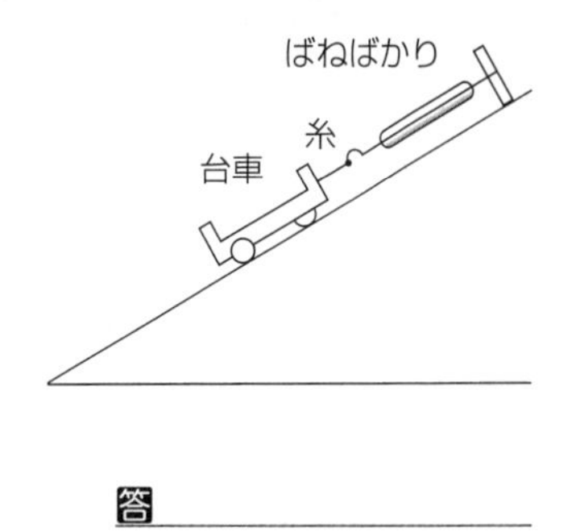

(1) 斜面をすべっているとき，台車にはたらく重力と垂直抗力の合力は何 N か。

答

(2) 斜面をすべっているとき，台車の加速度の大きさは何 m/s^2 か。

答

台車におもりをのせ，質量を変化させて同様の実験を行った。このとき，台車とおもりを合わせた全体の質量 m〔kg〕を横軸，ばねばかりの値 F〔N〕を縦軸にとると，右図のような関係になった。

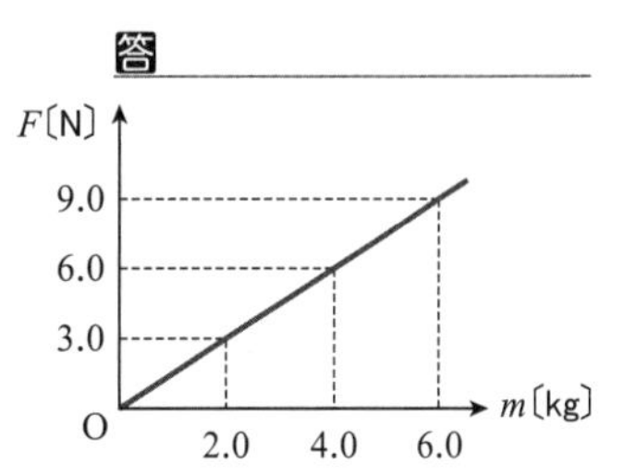

(3) 横軸に全体の質量 m〔kg〕，縦軸に加速度の大きさ a〔m/s^2〕をとったときの関係として最もふさわしいものを下の選択肢から選べ。

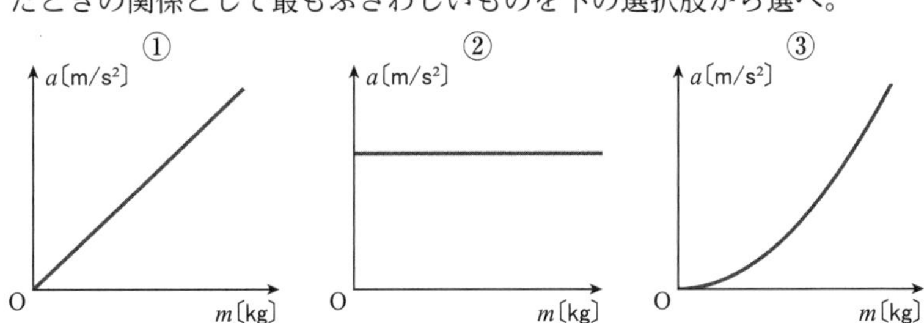

答

思考

☑ 171. 力学的エネルギー▶

東西に沿ってなめらかなレールが敷かれており，レールの上を質量 2.0kg の台車が走行する。東向きに x 軸をとり，x 軸方向の台車の位置と運動エネルギー K の関係を調べたところ，右図のようになった。このグラフについて，AとBが会話をしている。2 人の会話が科学的に正しいものになるように，次の(ア)～(キ)に当てはまる語句や数値を答えよ。

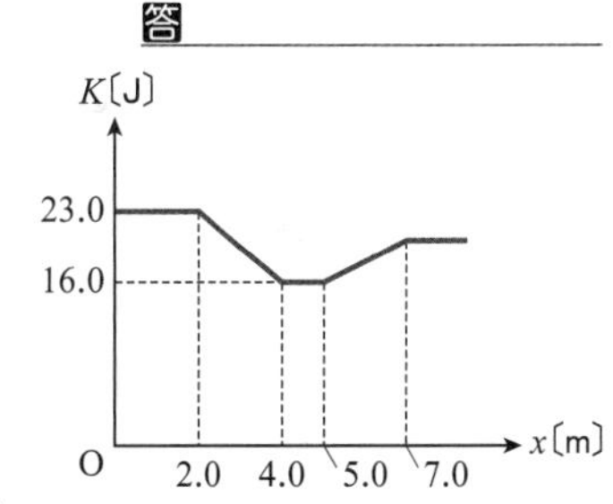

A：グラフをもとに，このレールの最も高い地点の高さを求めてみよう。

B：うん。台車は重力だけから仕事をされるから，この運動における台車の(ア)エネルギーは保存されるよね。

A：では，この運動における(ア)エネルギーがわかれば，グラフから位置エネルギーを求められそうだ。

B：出発点の高さを位置エネルギーの基準とすると，出発点の位置エネルギーは(イ)J と求められるよ。

A：そのことから(ア)エネルギーは，(ウ)J であることもわかるね。

B：運動エネルギーが最も小さいときに，位置エネルギーは最も大きくなるから，この物体は，x が(エ)m から(オ)m の範囲で最も高い位置にいると考えられる。

A：ということは，位置エネルギーの最大値は(カ)J であり，重力加速度の大きさを 9.8m/s^2 とすると，最も高い地点の高さは(キ)m であると求められるね。

答 (ア)　　(イ)　　(ウ)　　(エ)　　(オ)　　(カ)　　(キ)

●解答編 p.29

19 温度と熱運動・熱量の保存

学習のまとめ

1 温度

物体の熱さ，冷たさを数値で表したものが(ア　　　　　)である。**セルシウス温度**(記号 ℃)では，大気圧のもとで，水が凍るのは 0℃，沸騰するのは 100℃ であり，この間を 100 等分したものが温度差 1℃ である。

2 熱運動と絶対温度

原子や分子など，物体を構成する粒子は，無秩序な(イ　　　　　)をしており，−273℃ でそのエネルギーは(ウ　　　　　)になる。その温度を 0(絶対零度)として定めた温度 T〔K〕を(エ　　　　　)といい，セルシウス温度 t〔℃〕との関係は，　$T=t+$(オ　　　　　)

3 熱の移動と熱量

温度の異なる 2 つの物体が接触すると，高温の物体から低温の物体へ熱運動のエネルギーが移動して，両者はやがて同じ温度になる。この状態を(カ　　　　　)といい，移動するエネルギーを(キ　　　　　)，その量を(ク　　　　　)という。

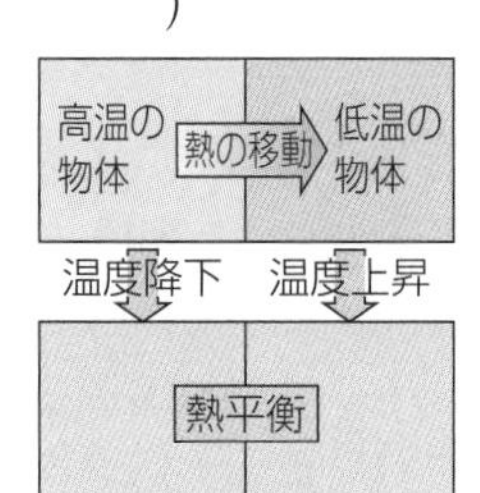

4 熱容量と比熱

ある物体の温度を 1K 上昇させる熱量を(ケ　　　　　)といい，単位には(コ　　　　　)(記号 J/K)が用いられる。また，ある物質 1g の温度を 1K 上昇させる熱量を(サ　　　　　)といい，単位には(シ　　　　　)(記号 J/(g·K))が用いられる。

比熱 c〔J/(g·K)〕の物質からなる質量 m〔g〕の物体の熱容量 C〔J/K〕は，

$C=$(ス　　　　　)

また，この物体の温度を ΔT〔K〕上昇させる熱量 Q〔J〕は次式で表される。

$Q=C\Delta T=$(セ　　　　　)

5 熱量の保存

高温の物体と低温の物体を接触させ，熱平衡に達したとき，熱が外部に逃げなければ，高温の物体が失った熱量は，低温の物体が得た熱量に等しい。これを(ソ　　　　　)という。

プラス+
海面における大気圧は 1013 hPa である。これを 1 気圧という。

プラス+
温度は熱運動の激しさを表す量である。

プラス+
絶対温度の単位にはケルビン(記号 K)が用いられる。
温度差 1K と温度差 1℃ は等しい。

プラス+
熱量の単位にはエネルギーと同じジュール(記号 J)が用いられる。

プラス+
熱容量は物体ごとの値，比熱は物質ごとの値である。

プラス+
これまで，質量の単位には kg が用いられてきたが，比熱の単位には g を使った J/(g·K) が用いられることが多い。

確認問題

☑ **172.** 0℃ は何 K か。知識　➡2

答 ＿＿＿＿＿＿

☑ **173.** 比熱 0.90J/(g·K) の物質 100g からなる物体の熱容量は何 J/K か。知識　➡4

答 ＿＿＿＿＿＿

☑ **174.** 熱容量 50J/K の物体の温度を 2.0K 上昇させるのに必要な熱量は何 J か。知識　➡4

答 ＿＿＿＿＿＿

☑ **175.** 温度の異なる 2 つの物体を接触させた。高温の物体が 30J の熱量を失ったとすると，低温の物体が得た熱量は何 J か。ただし，熱は外部に逃げないものとする。知識　➡5

答 ＿＿＿＿＿＿

チェック
□絶対温度とセルシウス温度の関係を理解している。
□熱運動のエネルギーと熱平衡の関係を理解している。

知識

☑ **176.** **温度**▶ (1)〜(4)の温度を，セルシウス温度は絶対温度に，絶対温度はセルシウス温度に直せ。➡2

(1) 100℃(水の沸点)

答

(2) 1538℃(鉄の融点)

答

(3) 77K(液体窒素の沸点)

答

(4) 195K(ドライアイスの昇華点)

答

知識

☑ **177.** **熱容量と比熱**▶ 比熱 0.88 J/(g·K)の物質 50g からなる物体がある。この物体の温度を 30℃ から 50℃ まで上昇させるのに必要な熱量は何 J か。 ➡4

答

思考

☑ **178.** **熱容量**▶ 熱容量が異なる 2 つの物体に，それぞれ同じ熱量を加えた。2 つの物体の温度変化の比較から考えられるものを，次の①〜④から選べ。 ➡4

① 温度変化の大きいほうが質量は小さい。
② 温度変化の大きいほうが質量は大きい。
③ 熱容量の大きいほうが温度変化は大きい。
④ 熱容量の小さいほうが温度変化は大きい。

答

知識

☑ **179.** **熱量の保存**▶ 80℃ の水 50g と 20℃ の水 150g を混合すると，熱平衡に達したとき，全体の温度は t[℃]になった。熱は外部に逃げないものとして，次の各問に答えよ。 ➡5

(1) 水の比熱を c[J/(g·K)]として，熱量の保存を表す式をかけ。

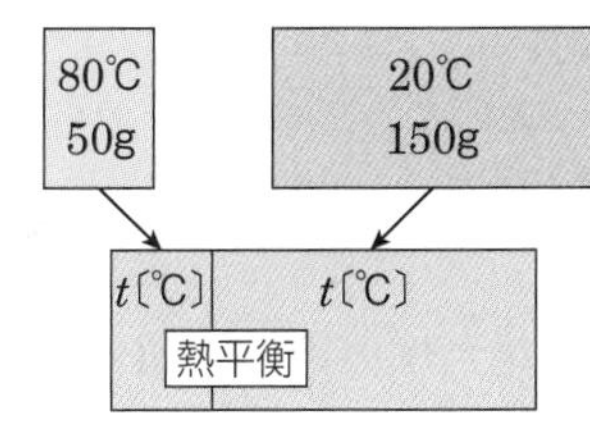

答

(2) (1)の式を解いて t を求めよ。

答

知識

☑ **180.** **比熱の測定**▶ 熱容量 141 J/K の，図のような熱量計を用いて，鉄の比熱の測定を行う。はじめ，熱量計に 170g の水を入れて温度を測ると，20.0℃ で安定していた。次に，100℃ に熱した質量 100g の鉄球を熱量計に入れ，静かにかきまぜると，24.0℃ で安定した。水の比熱を 4.2 J/(g·K)とする。 ➡5

(1) 鉄の比熱を c[J/(g·K)]として，熱量の保存を表す式をかけ。

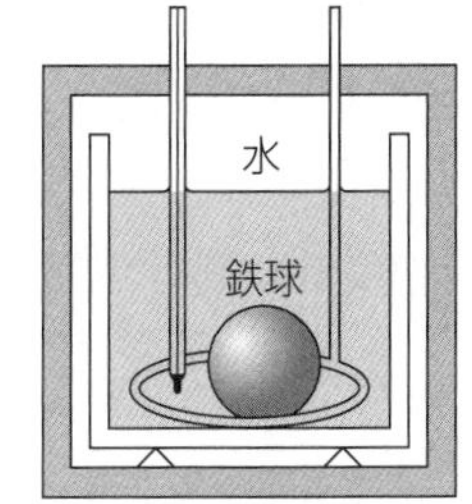

熱量計

答

(2) (1)の式を解いて c を求めよ。

答

チェック
□物体の温度変化と熱容量，比熱の関係を理解している。
□熱量が保存される条件を理解し，熱量の保存を表す式を立てることができる。

20 熱と仕事

●解答編 p.30

学習のまとめ

1 物質の三態

一般に，物質の状態には，構成粒子が定まった位置を中心にわずかに振動している(ア　　　　)，位置は変えるが粒子間の距離はほぼ一定である(イ　　　　)，粒子が広い範囲を自由に飛びまわる(ウ　　　　)の3つがあり，これを(エ　　　　　　)という。

物質の状態を変化させるために必要な熱を(オ　　　　　)といい，物質が融解するのに必要な熱量を(カ　　　　　)，物質が蒸発するのに必要な熱量を(キ　　　　　)という。

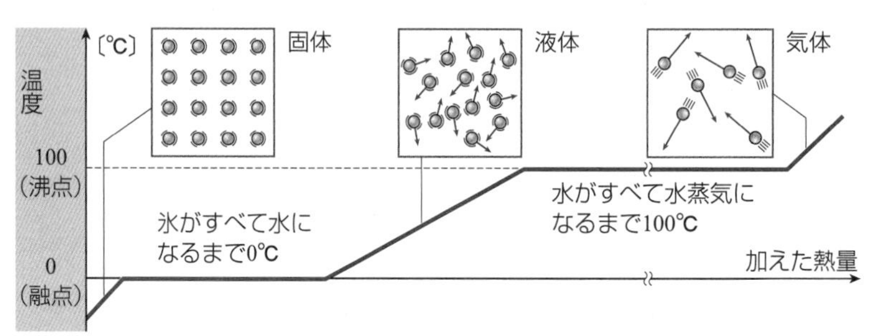

プラス
温度が上昇するにしたがって，一般に，固体，液体，気体の順に変化する。

プラス
物質の状態が変化する過程では，潜熱の出入りはあるが，温度は一定である。

プラス
物体の温度が高くなると，構成粒子の熱運動が激しくなり，物体の長さや体積が増す。これを物体の熱膨張という。

2 熱と仕事

(ク　　　　　　)は，実験により，水をかきまぜる仕事と，それに相当する熱量が常に比例することを見出し，熱が(ケ　　　　　　　)の1つの形態であることを示した。

3 内部エネルギー

物体の構成粒子は，熱運動による(コ　　　　　)エネルギーや，粒子間にはたらく力による位置エネルギーをもつ。これらの総和を，物体の(サ　　　　　　)という。

プラス
内部エネルギーは，物体全体の力学的エネルギーとは区別して考える。

4 熱力学の第1法則

物体の内部エネルギーの増加量 ΔU，物体に与えられる熱量 Q，物体がされる仕事 W の間には，次の関係が成り立つ。

$\Delta U=$(シ　　　　　　)

これを(ス　　　　　　　　)という。

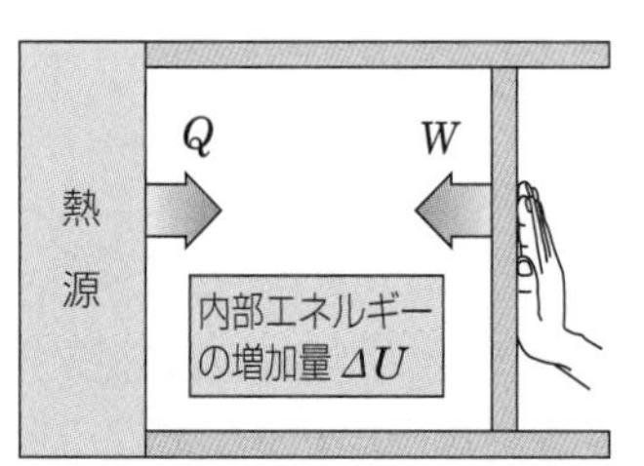

確認問題

☑ **181.** 氷が水に変化するときに吸収する熱量を何とよぶか。知識 →1

答 ＿＿＿＿＿＿

☑ **182.** 1.5kgの物体を2.0m落下させた。重力による位置エネルギーがすべて熱に変わったとすると，生じる熱量は何Jか。重力加速度の大きさを9.8m/s^{2}とする。知識 →2

答 ＿＿＿＿＿＿

☑ **183.** 容器内の気体に100Jの仕事を加えると，60Jの熱を放出した。気体の内部エネルギーは何J増加したか。知識 →4

答 ＿＿＿＿＿＿

チェック
□物質の三態(固体，液体，気体)それぞれの特徴を理解している。
□物質の状態変化について理解し，潜熱を求めることができる。

知識

184． **水の融解熱**▶ 0℃ の氷 2.0×10^2 g を加熱し，毎秒 60 J の熱量を与える。水の融解熱を 3.3×10^2 J/g として，次の各問に答えよ。 ➡1

(1) 氷をすべて 0℃ の水に変化させるのに必要な熱量は何 J か。

答 ＿＿＿＿＿＿＿＿

(2) 氷をすべて 0℃ の水に変化させるには，何秒間加熱すればよいか。

答 ＿＿＿＿＿＿＿＿

思考

185． **ジュールの実験**▶ ジュールは，図のような装置を用いて，熱がエネルギーの一種であることを示した。この装置では，おもりが下がると，糸に引かれた羽根車が回り，容器中の水がかきまぜられて温度が上昇する。容器に 100 g の水を入れ，糸の両端につけた 10 kg のおもりを 1.0 m 下降させる操作を 10 回繰り返した。重力加速度の大きさを $9.8\,\mathrm{m/s^2}$，水の比熱を 4.2 J/(g·K) とし，熱は外部に逃げないものとする。 ➡2

(1) 操作を 10 回繰り返したときに，おもりにはたらく重力がした仕事の合計は何 J か。

答 ＿＿＿＿＿＿＿＿

(2) 容器中の水の温度は何 K 上昇するか。

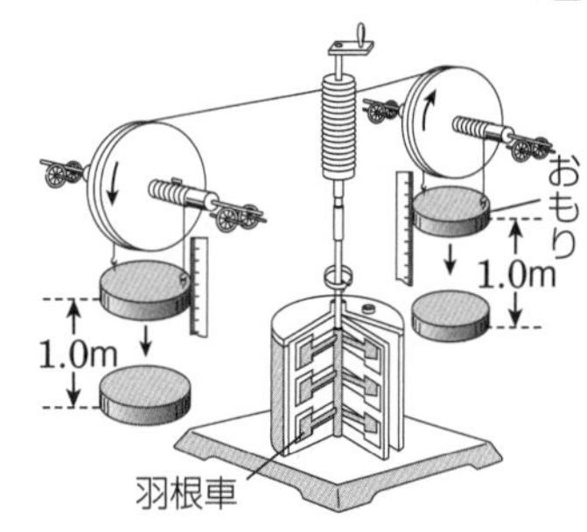

答 ＿＿＿＿＿＿＿＿

知識

186． **仕事と熱**▶ 質量 100 kg のスキーヤーが，面の粗いジャンプ台で，高さ 30 m の点Aを静かに出発し，点Bを 10 m/s の速さで飛び出した。次の各問に答えよ。ただし，重力加速度の大きさを $9.8\,\mathrm{m/s^2}$ とし，点Bの高さを重力による位置エネルギーの基準とする。 ➡2

(1) 点A，点Bでスキーヤーがもつ力学的エネルギーは，それぞれ何 J か。

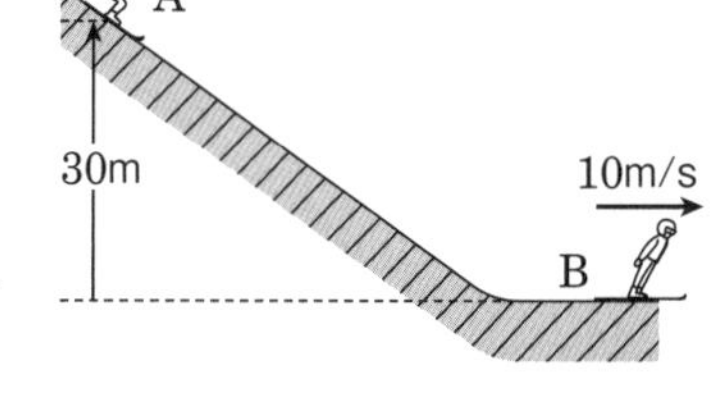

答 A：＿＿＿＿＿＿ B：＿＿＿＿＿＿

(2) スキーヤーにはたらく動摩擦力のした仕事がすべて熱に変わったとすると，発生した熱量は何 J か。

答 ＿＿＿＿＿＿＿＿

知識

187． **熱力学の第1法則**▶ なめらかに動くピストンをもつ円筒容器中の気体を加熱し，7.0 J の熱量を与えたところ，気体は膨張して外部に 2.8 J の仕事をした。次の各問に答えよ。 ➡4

(1) 気体がされた仕事は何 J か。

答 ＿＿＿＿＿＿＿＿

(2) 気体の内部エネルギーの増加量は何 J か。

答 ＿＿＿＿＿＿＿＿

チェック
□熱がエネルギーの１つの形態であることを理解している。
□熱力学の第１法則を利用して，内部エネルギーの変化などを求めることができる。

●解答編 p.31

21 エネルギーの変換と保存

学習のまとめ

1 熱機関

蒸気機関や自動車のエンジンのように，熱を仕事に変える操作を繰り返し行う装置を(ア　　　　　)という。

熱機関は，高温の熱源から熱を受け取り，その一部を(イ　　　　　)に変えて，残りの熱を低温の熱源に放出してもとの状態にもどる。このとき，熱機関が受け取る熱量を Q_1〔J〕，放出する熱量を Q_2〔J〕とすると，その差(ウ　　　　　)〔J〕が仕事 W〔J〕に変わる。仕事に変わった熱量の割合 e を(エ　　　　　)といい，次式で表される。

$$e=\frac{W}{Q_1}=\left(^{オ}\qquad\qquad\right)$$

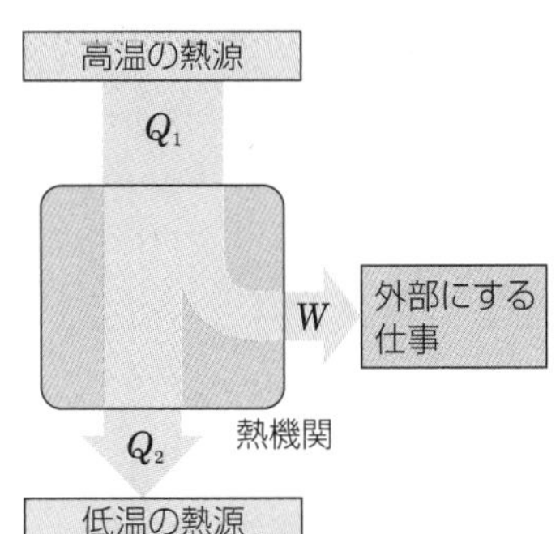

Q_2 を 0 にすることはできないので，e は必ず(カ　　　)より小さくなる。すなわち，熱機関は，1 つの熱源から受け取った熱をすべて仕事に変えることはできない。

プラス＋ 熱機関では，機関内の気体が，高温の熱源から熱を受け取り，膨張することによって，外部に仕事をする。

2 不可逆変化

物体が熱を放出して温度が下がったとき，周囲から自然に熱を吸収してもとの温度にもどることはない。このように，自然にはもとにもどることができない変化を(キ　　　　　)という。一方，振り子は，摩擦や空気抵抗が無視できる理想的な条件のもとでは，外部になんら影響をおよぼすことなく，もとの状態にもどることができる。このような変化を(ク　　　　　)という。

プラス＋ ↗発展 熱は，低温の物体から高温の物体へ，自然に移ることはない。このような不可逆変化の方向性を示す法則を，熱力学の第 2 法則という。

3 エネルギーの移り変わり

エネルギーには，力学的エネルギー，熱エネルギーの他にも，電気製品などの使用に必要な(ケ　　　　)エネルギー，植物の光合成に使われる(コ　　　　)エネルギー，化学反応に伴って出入りする(サ　　　　)エネルギー，原子核のもつ(シ　　　　)エネルギーなどがある。

エネルギーは互いに変換され，移り変わるが，その総和は常に一定に保たれる。これを(ス　　　　　　)の法則という。

プラス＋ エネルギーは，利用された際にある種類から別の種類へ変換され，最終的に，利用しにくい熱エネルギーになる。

確認問題

☑ **188.** 100 J の熱量を与えると，外部に 25 J の仕事をする熱機関の熱効率は何％か。知識 ➡1

答

☑ **189.** 湯を室温で放置すると，やがて冷めた。この変化は，可逆変化か不可逆変化か。知識 ➡2

答

☑ **190.** 電気ポットを利用して湯を沸かした。このとき，電気エネルギーは，どのようなエネルギーに移り変わったか。知識 ➡3

答

チェック
□熱機関の原理を理解している。
□さまざまな熱機関の熱効率を求めることができる。

練習問題

学習日：　　月　　日／学習時間：　　分

思考
191. 熱効率▶ 熱効率 30％の熱機関Aと熱効率 15％の熱機関Bがある。次の各問に答えよ。 ➡1

(1) 同じ熱量を加えたとき，外部にする仕事が大きいのはどちらか。

答 ________

(2) 同じ熱量を加えたとき，放出する熱量が大きいのはどちらか。

答 ________

(3) 外部にする仕事の大きさが同じとき，与えた熱量が大きいのはどちらか。

答 ________

知識
192. 熱効率▶ 毎秒 5.0g の重油を燃焼させてはたらく，100 馬力(1 馬力 =735W)のディーゼル機関がある。次の各問に答えよ。 ➡1

(1) この機関が受け取る熱量は毎秒何 J か。ただし，重油 1.0g を燃焼させたときに発生する熱量を 4.0×10^4 J とする。

答 ________

(2) この機関の熱効率は何％か。

答 ________

知識
193. 熱機関の冷却▶ 熱効率 40％，発電能力 8.0×10^8 W の発電所(熱機関)がある。次の各問に答えよ。

(1) この発電所が受け取っている熱量は毎秒何 J か。 ➡1

答 ________

(2) この発電所が放出している熱量は毎秒何 J か。

答 ________

(3) この発電所を運転し続けるには，毎秒何 kg の冷却水を必要とするか。ただし，発電所は，冷却水 1.0kg で 2.0×10^4 J の熱を放出することができるものとする。

答 ________

知識
194. 可逆変化と不可逆変化▶ (1)～(4)の現象は，可逆変化と不可逆変化のどちらか。 ➡2

(1) 真空中での振り子の運動

答 ________

(2) コーヒーに混ぜたミルクの広がり

答 ________

(3) 室温で放置した氷の融解

答 ________

(4) 香水のかおりの広がり

答 ________

知識
195. エネルギーの移り変わり▶ (1)～(4)の各場合では，ある種類のエネルギーが，別の種類のエネルギーに移り変わっている。移り変わる前後の種類を答えよ。 ➡3

(1) 蒸気機関車

答 前：　　　後：

(2) 蛍光灯

答 前：　　　後：

(3) 風力発電

答 前：　　　後：

(4) バッテリーの充電

答 前：　　　後：

チェック
□可逆変化と不可逆変化の違いを理解している。
□エネルギー保存の法則を理解している。

●解答編 p.32

思考

☑ **196. 熱の移動**▶ 同じ物質からなる15℃の物体Aと50℃の物体Bを接触させ，それぞれの温度変化を測定した。図はその結果である。AとBの間だけで熱の移動がおこったものとして，次の各問に答えよ。

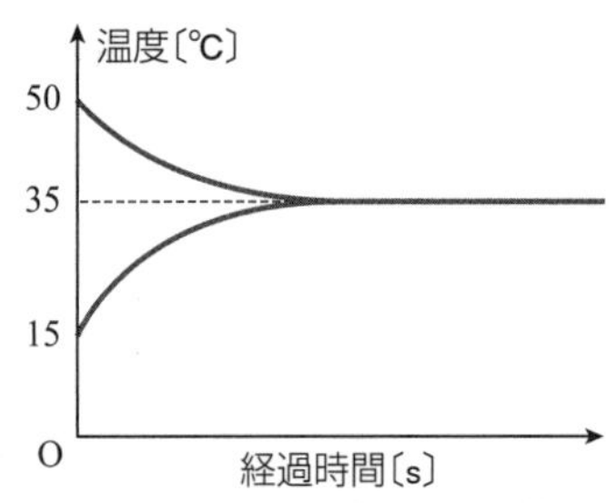

(1) 質量が大きいのは物体Aと物体Bのどちらか。

答

(2) 次に，物体Aと質量が等しく，比熱の大きい温度50℃の物体Cがある。温度15℃の物体Aと物体Cを接触させて，温度変化を測定した。それぞれの温度と時間の関係を表すグラフとして最も適当なものを，次の①～③のうちから1つ選べ。ただし，AとCの間だけで熱の移動がおこったものとする。

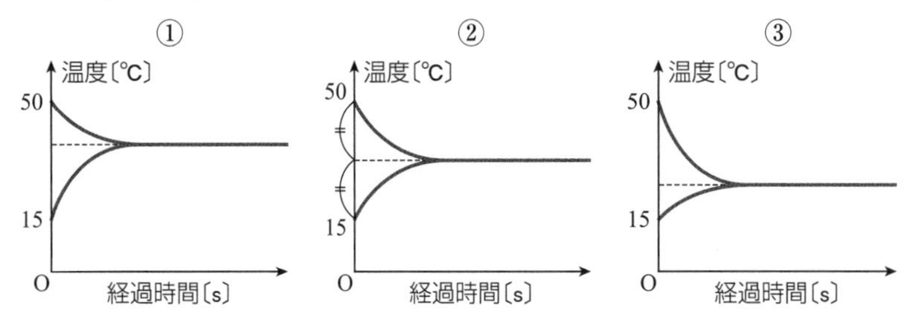

答

思考

☑ **197. 比熱の測定**▶ 熱量計（かき混ぜ棒と容器および温度計からなる）を用いて，未知の金属の比熱を測定する実験を行った。まず，質量100gの金属を熱湯に入れて加熱した。次に，熱量計に200gの水を入れ，しばらくすると，水と熱量計を合わせた全体の温度は，20.0℃で一定になった。この中に95.0℃に熱した金属を入れ，かき混ぜ棒でゆっくりとかき混ぜたところ，温度は26.0℃となった。次の各問に答えよ。

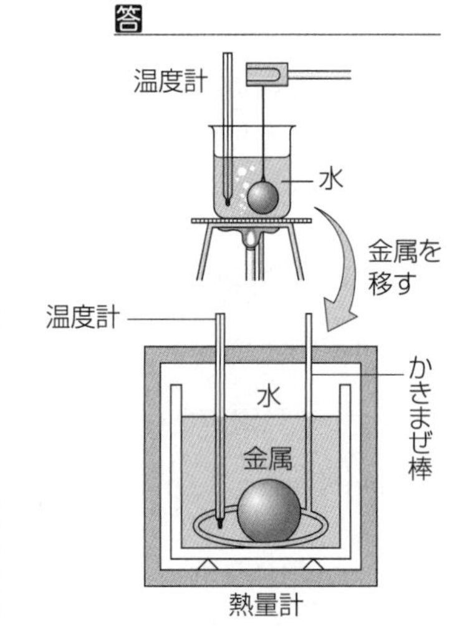

(1) 水の比熱を4.2J/(g・K)，金属の比熱をc〔J/(g・K)〕として以下の表を埋めよ。

	水	金属
熱容量〔J/K〕		

(2) 熱量計の熱容量を100J/Kとして，熱量の保存の式を立てよ。

答

実験結果について以下の考察を行った。「用いた金属は，比熱が0.90J/(g・K)に近いのでアルミニウムと考えられる。しかし，実験から得られた比熱の値は，少しずれた値になっている。この原因として，熱した金属を熱量計に入れるまでに，金属の温度が少し低くなったことが考えられる。」

(3) 熱量計に入れたときの金属の温度が90.0℃であったとすると，金属の比熱は何J/(g・K)と考えられるか。

答

思考

☑ **198. 物質の三態**▶ 銅製の熱量計に氷100gを入れ，しばらくすると全体の温度が −12℃ になった。次に，この熱量計に1秒間に200Jの割合で熱を与え続けた。時間と温度の関係を記したグラフについて，A，Bの2人が会話をしている。次の各問に答えよ。ただし，与える熱以外に，外部との熱の出入りはないものとし，水の比熱を4.2J/(g·K)とする。

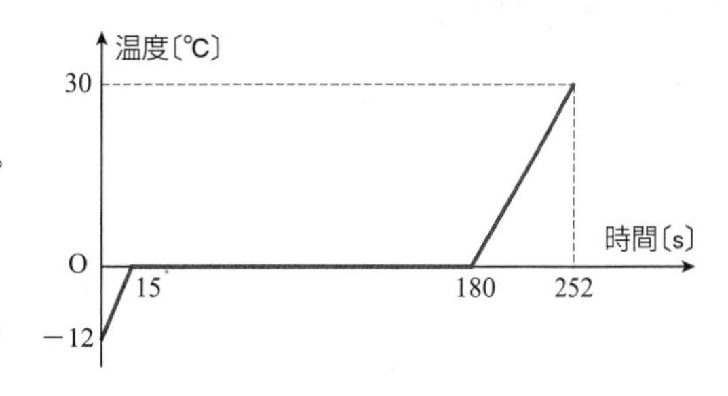

A：温度が上昇していない時間帯は，(　ア　)と水が混ざった状態だね。このグラフから氷の比熱が出せるんじゃない？

B：180sから252sの間には，合計(　イ　)Jの熱量を全体として得ているよね。その間に，水だけが得た熱量は(　ウ　)Jになる。

A：その差がその時間に熱量計が得た熱量ってことか。これから熱量計の熱容量が求まれば，氷の比熱が求められるね。

(1) 2人の会話が科学的に正しいものになるように，(ア)〜(ウ)に当てはまる語句や数値を答えよ。

答 (ア)　　　　(イ)　　　　(ウ)

(2) 熱量計の熱容量は何J/Kか。

答

(3) 氷の比熱は何J/(g·K)か。

答

思考

☑ **199. 熱と仕事**▶ 質量100gの鉛とアルミニウムをそれぞれビニール袋に入れ，1.0mの高さから床に50回落下させて，中の金属の温度変化を測定する実験を行った。袋Aに入っていた金属はほとんど温度に変化が見られなかったが，袋Bに入っていた金属の温度は2.2K上昇していた。次の各問に答えよ。ただし，重力加速度の大きさを$9.8m/s^2$，鉛の比熱を0.13J/(g·K)，アルミニウムの比熱を0.90J/(g·K)とする。

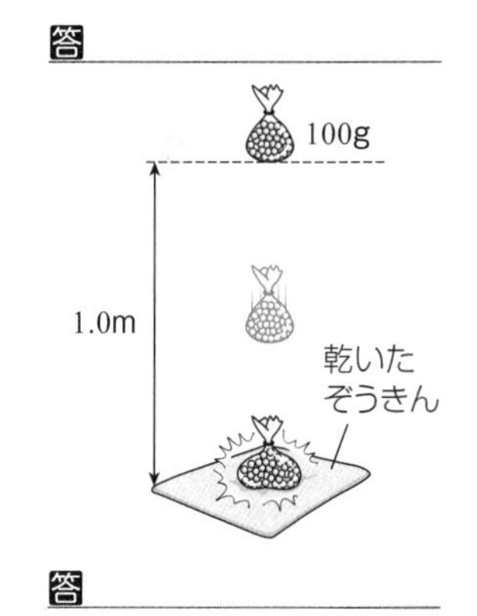

(1) 袋Bに入っていた金属は，アルミニウムと鉛のどちらか。

答

(2) 重力のした仕事がすべて金属の温度上昇に使われたとすると，袋Bの金属の温度は何K上昇するか。

答

(3) 実験で測定した温度上昇は，(2)で求めた値よりも少ない。その理由を簡潔に示せ。

答

第Ⅱ章 熱

●解答編 p.33

22 波の表し方

学習のまとめ

1 波と振動

物体の一部に生じた振動が，次々と隣に伝わる現象を(ア　　　　)，または**波動**といい，最初に振動を始める点を(イ　　　　　)，波を伝える物質を(ウ　　　　　)という。波はエネルギーをもっており，波源の振動のエネルギーが媒質の振動のエネルギーとして伝わる現象である。

ばねにつるしたおもりを，つりあいの位置からもち上げてはなすと，おもりは(エ　　　　　)とよばれる周期的な上下の往復運動をする。このとき，1 回の振動に要する時間 T〔s〕を(オ　　　　　)，1 秒間に繰り返す振動の回数 f〔Hz〕を(カ　　　　　　)といい，次の関係が成り立つ。

$f=$ (キ　　　　　)

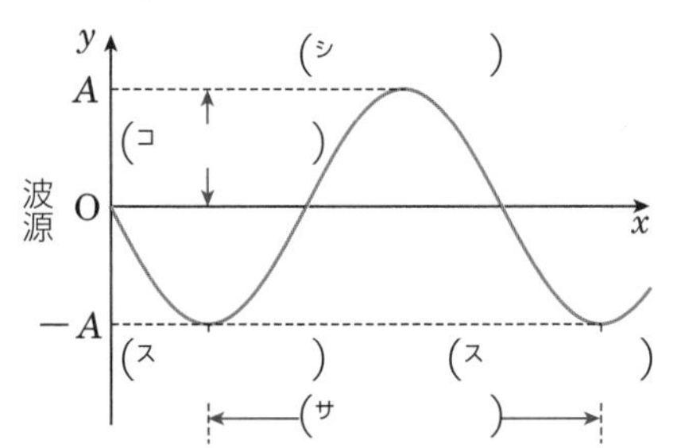

単振動を続ける波源から生じる波形は，(ク　　　　　)という，図のような曲線になり，波形がそのような曲線になる波を(ケ　　　　　)という。

2 波の進行と媒質の振動

波形の伝わる速さ v〔m/s〕を(セ　　　　　　)といい，波の周期 T〔s〕，波長 λ〔m〕，振動数 f〔Hz〕との間に，次の関係がある。

$$v=\frac{\lambda}{T}=(\text{ソ}\qquad\qquad)$$

3 横波と縦波

波の進行方向と垂直に媒質が振動する波を(タ　　　　　)，波の進行方向と平行に媒質が振動する波を(チ　　　　　)，または**疎密波**という。

縦波は，進行方向に x 軸，これに垂直な方向に y 軸をとり，媒質の変位が x 軸の正の向きのときは y 軸の(ツ　　　)の向きへ，x 軸の負の向きのときは y 軸の(テ　　　)の向きへ，変位の矢印を回転させて描くことによって，横波と同じように波形を表示することができる。

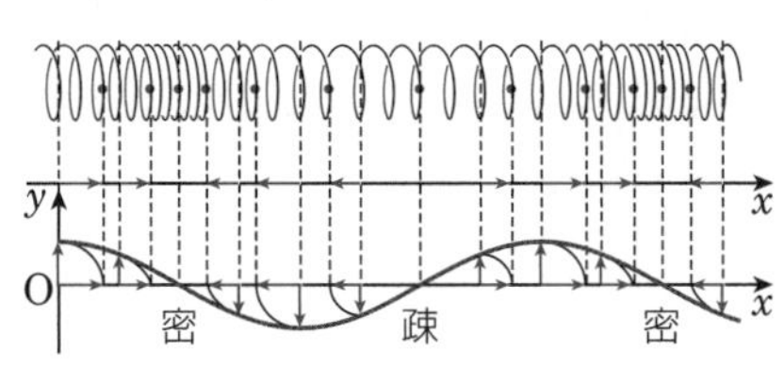

プラス＋
波が進むとき，媒質そのものは波とともに移動しない。

プラス＋
ある瞬間における波の形を波形という。

プラス＋
振動数の単位には，ヘルツ(記号 Hz)が用いられる。

プラス＋
グラフは，x 軸上を進む波について，位置 x における媒質の変位 y を示している。

プラス＋
ばねを伝わる横波と縦波

横波　進む向き

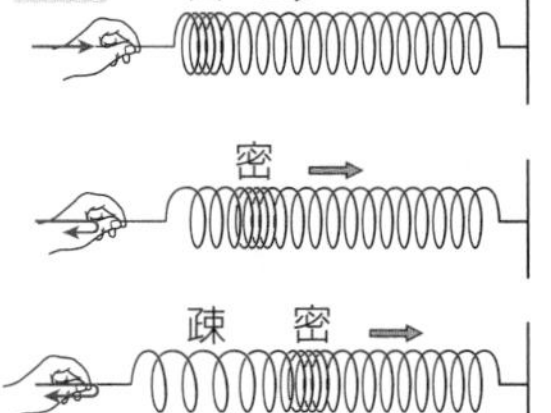

確認問題

☑ **200.** 単振動をするおもりが，10 秒間に 20 回振動するとき，周期は何秒か。知識　➡1

答 ＿＿＿＿＿＿

☑ **201.** 波長 2.0m，振動数 40Hz の波の速さは何 m/s か。知識　➡2

答 ＿＿＿＿＿＿

☑ **202.** ひもの一端を上下に振ると，波が伝わった。この波は，横波と縦波のどちらか。知識　➡3

答 ＿＿＿＿＿＿

チェック
□振幅，波長など，波の要素をグラフから読み取ることができる。
□波の速さと周期，波長，振動数の関係を理解している。

練習問題

知識

203. 波の要素▶ 図は，x 軸の正の向きに進む，振幅 2.0m，波長 60m，速さ 15m/s の正弦波の波形である。次の各問に答えよ。 ➡1

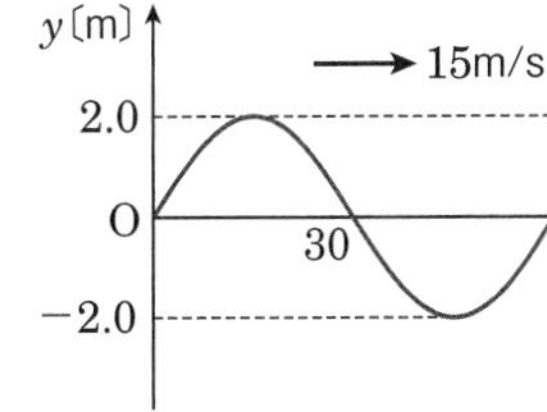

(1) この波の周期 T〔s〕，振動数 f〔Hz〕はいくらか。

答　T：　　f：

(2) 図の瞬間から 2.0 秒後の波形を図中に描け。

思考

204. 波のグラフ▶ x 軸の正の向きに速さ 2.0m/s で進む正弦波がある。図 1 は，$x=0$ の位置における媒質の変位 y〔m〕と時間 t〔s〕の関係を示した $y-t$ グラフである。次の各問に答えよ。 ➡2

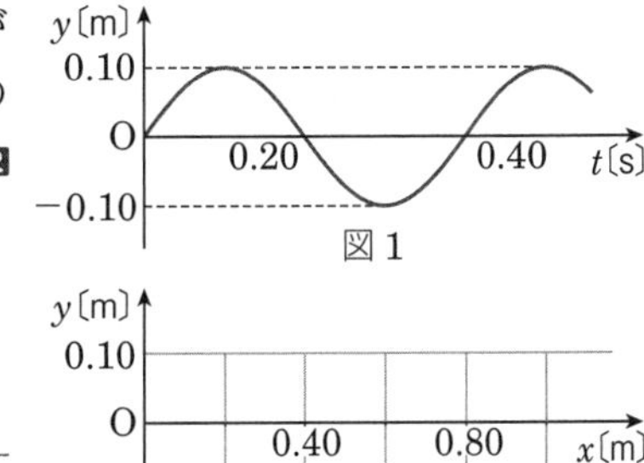

(1) この波の振幅 A〔m〕，周期 T〔s〕，波長 λ〔m〕はいくらか。

答　A：　　T：　　λ：

(2) この波の $t=0$ における波形を図 2 に描け。

思考

205. 波のグラフ▶ 図 1 のように，連続した正弦波が x 軸の正の向きに進んでいる。実線は時刻 $t=0$ における波のようすであり，1.5 秒後にはじめて破線の状態になった。次の各問に答えよ。 ➡2

(1) $t=0$ における，波の山，谷の位置はそれぞれどこか。A～F の記号で答えよ。

答　山：　　谷：

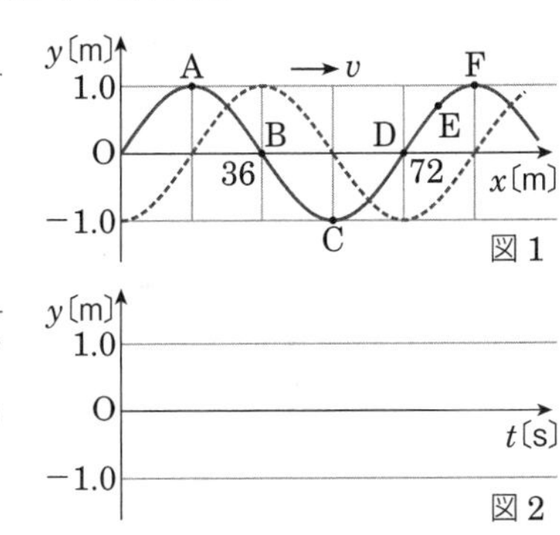

(2) 波長 λ〔m〕，速さ v〔m/s〕，周期 T〔s〕はいくらか。

答　λ：　　v：　　T：

(3) $x=0$ の位置における媒質の変位 y〔m〕と時間 t〔s〕の関係を示す $y-t$ グラフを，図 2 に描け。ただし，t 軸の目盛りをかき入れること。

(4) $t=0$ において，媒質の上向きの速度が最大の点，および速度が 0 の点はそれぞれどこか。A～F の記号で答えよ。

答　最大：　　0：

知識

206. 縦波の横波表示▶ 図は，縦波の波形を横波の形に表示したものである。 ➡3

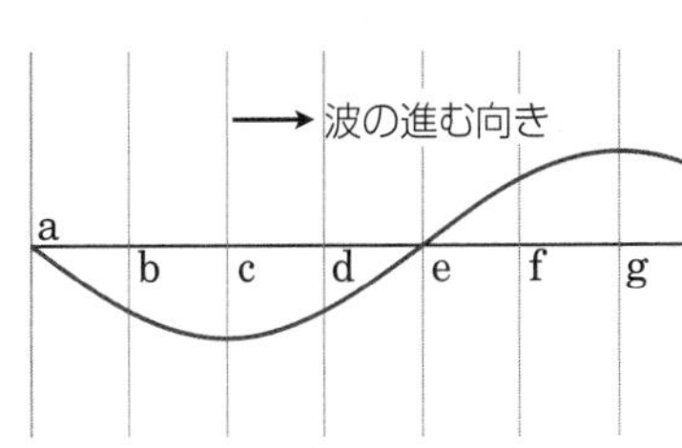

(1) a～g の各点における媒質の変位を，図中に矢印で示せ。

(2) 媒質が最も疎である点，および最も密である点は，それぞれどこか。a～g の記号で答えよ。

答　疎：　　密：

(3) 媒質の速度が右向きに最大の点，および速度が 0 の点は，それぞれどこか。a～g の記号で答えよ。

答　最大：　　0：

チェック
□横波と縦波の違いを理解している。
□縦波のグラフを横波のように表示する方法を理解している。

●解答編 p.35

23 波の重ねあわせと定常波

学習のまとめ

1 重ねあわせの原理

図の(a)のように，媒質の左右からパルス波A，Bを送ると，(b)のように，2つの波が出会ったとき，媒質の変位 y は，A，Bの変位 y_A，y_B の和となる。

$y=$(ア　　　　　　　)

これを(イ　　　　　　　　)という。

また，(c)のように，A，Bは，重なりあったのち，他の波の影響を受けずに，それぞれ元の波形のまま進行する。この性質を(ウ　　　　　　)という。

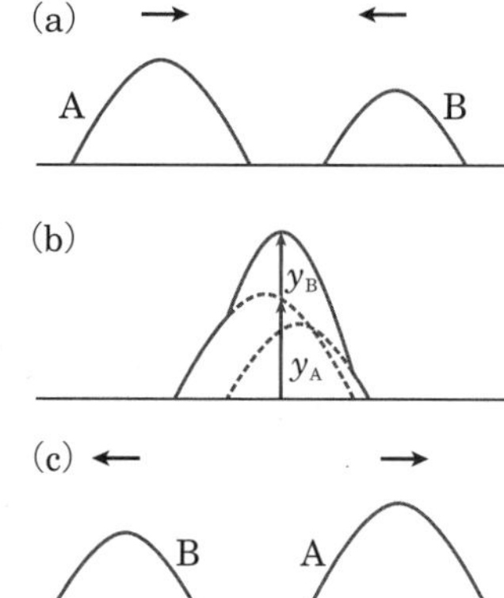

2 定常波

振幅，波長がそれぞれ等しい2つの波が，一直線上を互いに(エ　　　)向きに(オ　　　　　)速さで進み，重なりあったとき，どちらにも進まない波ができる。このような波を(カ　　　　　)という。

図は，右へ進む波Ⅰ(実線)と左へ進む波Ⅱ(破線)が重なりあってできる定常波(赤い太線)のようすを，$\frac{1}{8}$ 周期ごとに描いたものである。

点a，c，e，gのように，媒質がまったく振動していない点を(キ　　　　　)，点b，d，fのように，振幅が最大になっている点を(ク　　　　　)という。

波Ⅰ，Ⅱの波長を λ とすると，隣りあう節と節，腹と腹の距離はいずれも(ケ　　　　　)となる。また，波Ⅰ，Ⅱの振幅を A とすると腹の振幅は(コ　　　　　　)である。

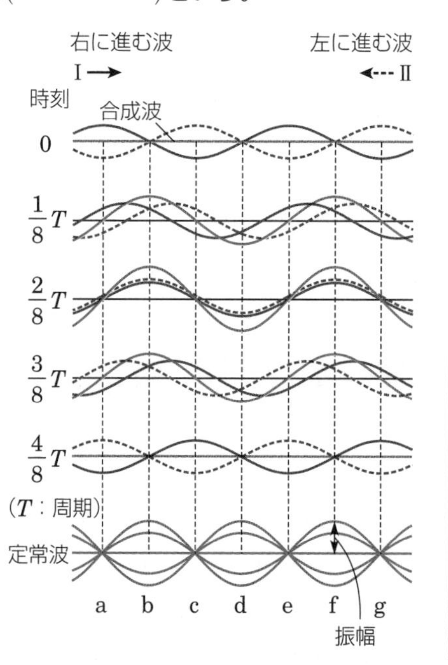

プラス＋
波が重なりあってできる波を合成波という。

プラス＋
2つの波は，同時に同じ場所を占めることができる。その際も，単独で存在するときの性質は失われない。

プラス＋
重なりあう前の2つの波のように，一方に進む波を進行波という。

プラス＋
定常波の波長は，重なりあう前の元の進行波の波長と同じである。

プラス＋
すべての腹の振幅は同じである。

確認問題

☑ **207.** 図のように，2つのパルス波A，Bが一直線上を進んでいる。A，Bの合成波を図中に描け。知識 ➡1

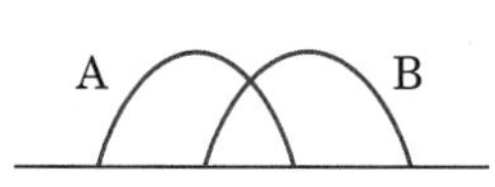

☑ **208.** 波長3.0mの2つの波で，定常波が生じた。この定常波の節の間隔は何mか。知識 ➡2 答＿＿＿＿＿

☑ **209.** 振幅0.20mの2つの波で，定常波が生じた。この定常波の腹の振幅は何mか。知識 ➡2 答＿＿＿＿＿

チェック
□波の重ねあわせの原理を理解している。
□パルス波や連続した正弦波の合成波を作図することができる。

知識

210. **重ねあわせの原理**▶ 図のように，2つの正弦波A，Bが一直線上を進んでいる。A，Bの合成波を図中に描け。 ➡1

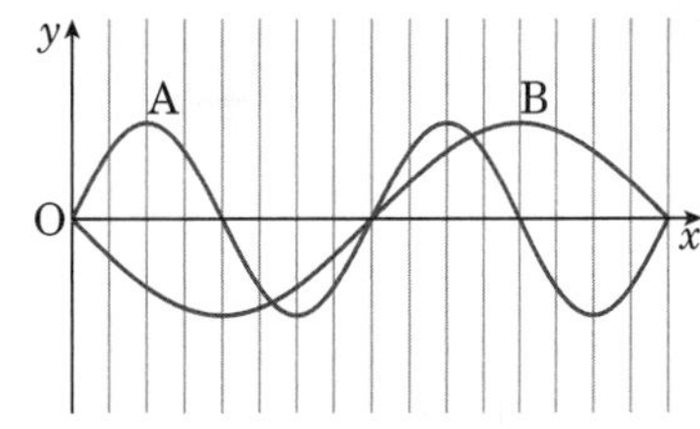

知識

211. **波の独立性**▶ 図のように，2つのパルス波A，Bが，一直線上を互いに逆向きに1.0m/sで進む。図の状態から1.0秒後，1.5秒後，2.0秒後の合成波の波形を描け。 ➡1

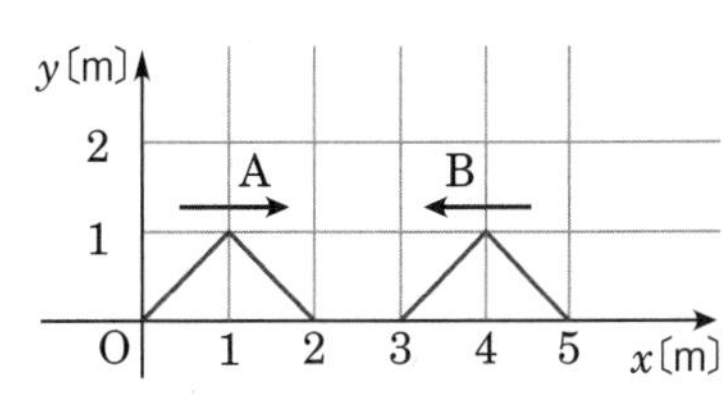

1.0秒後

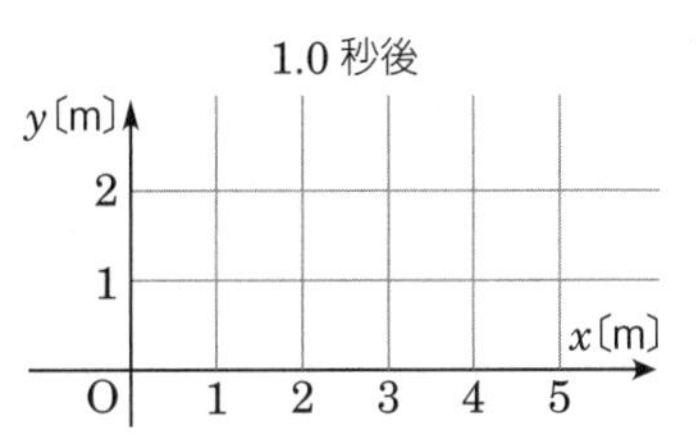

1.5秒後

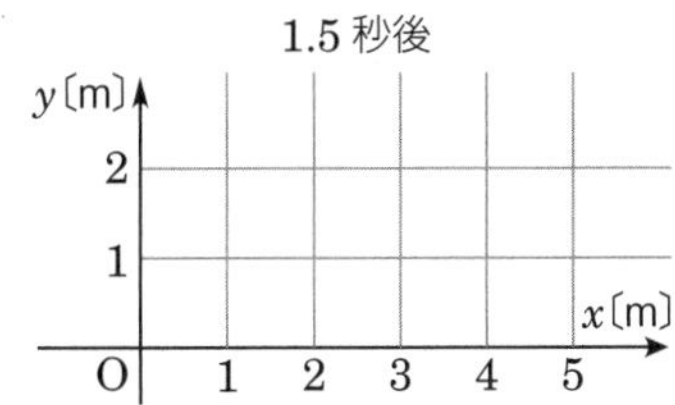

2.0秒後

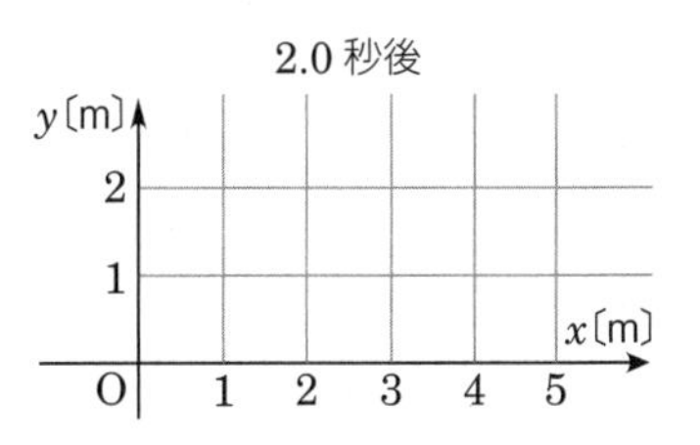

思考

212. **定常波**▶ 波長と振幅がそれぞれ等しい2つの連続した正弦波が，互いに逆向きに同じ速さで進み，重なりあって定常波が生じた。図の①，②は，重なりあう前の正弦波を表している。①，②のそれぞれの場合において，点Mは定常波の腹，節のどちらになるか。 ➡2

①

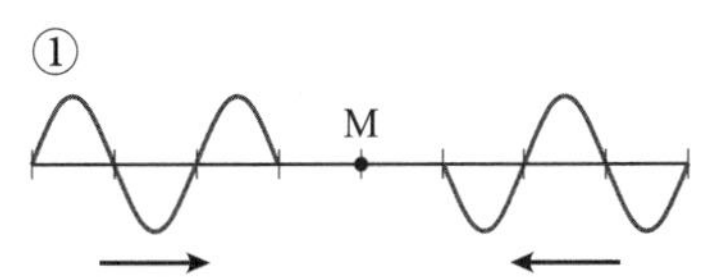

②

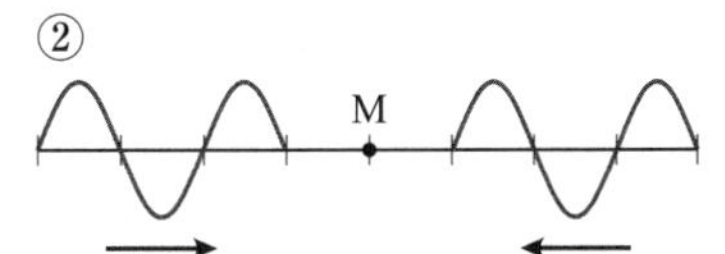

答 ①：　　　②：

知識

213. **定常波**▶ 8.0mはなれた2つの点A，Bが同じ振動をして，波長が4.0mで振幅が等しい正弦波を発生させたところ，AB間に定常波ができた。次の各問に答えよ。 ➡2

(1) 隣りあう腹と腹の距離は何mか。

答

(2) 定常波の腹はAB間に何個できるか。ただし，点A，Bは含めないこととする。

答

知識

214. **定常波**▶ 図の実線は，x軸の正の向きに進む正弦波，図の破線は，x軸の負の向きに進む正弦波を示しており，2つの波の重ねあわせにより定常波が生じる。 ➡2

y〔m〕 P P′ 0.10 4.0 8.0 O 2.0 6.0 x〔m〕 −0.10

(1) $0<x<8.0$mの範囲において，定常波の腹と節の位置をすべて求めよ。

答 腹：　　　節：

(2) 定常波の腹の振幅は何mか。

答

チェック □定常波の特徴を理解している。
□定常波の振幅や腹・節の位置を求めることができる。

24 波の反射

学習のまとめ

1 パルス波の反射

波は，媒質の端や，異なる媒質との境界で反射する。一直線上を進むパルス波が媒質の端や境界に達したとき，その位置での媒質が自由に動ける(ア　　　　)端の場合は，入射波の山は(イ　　　　)としてもどる。一方，媒質が固定されて動けない(ウ　　　　)端の場合は，入射波の山は(エ　　　　)としてもどる。

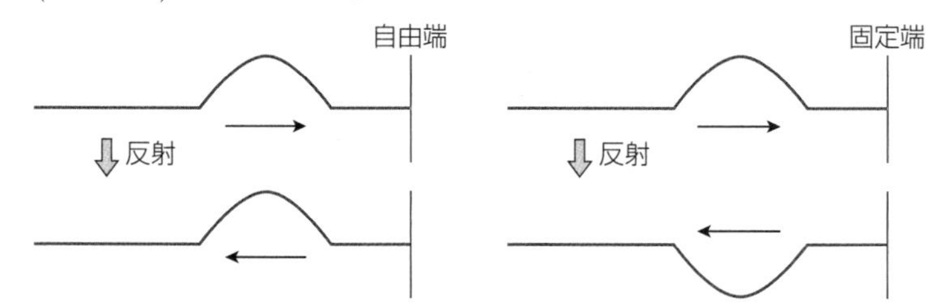

2 連続した正弦波の反射

図は，連続した正弦波の反射のようすである。自由端に入射した正弦波の反射波は，入射波の延長を(オ　　　　　)に対して折り返したものになる。固定端に入射した正弦波の反射波は，入射波の延長を上下反転させ，さらに(カ　　　　　)に対して折り返したものになる。

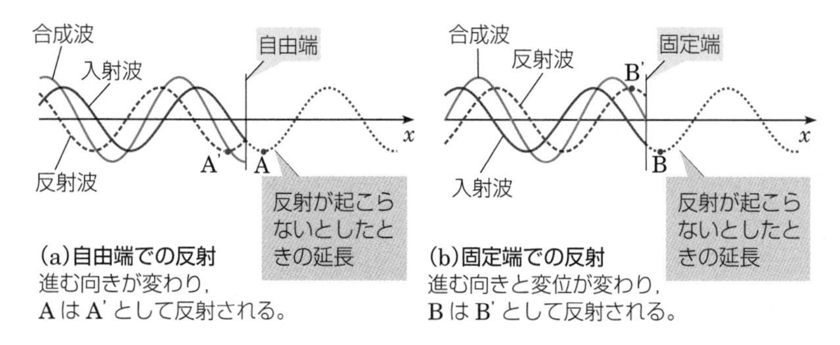

(a)自由端での反射
進む向きが変わり，A は A' として反射される。

(b)固定端での反射
進む向きと変位が変わり，B は B' として反射される。

連続した正弦波の反射では，入射波と反射波の合成波は定常波となる。このとき，自由端の位置は定常波の(キ　　　　)，固定端の位置は定常波の(ク　　　　)となる。

プラス＋
媒質の端や境界に向かって進む波を入射波，そこから反射する波を反射波という。

プラス＋
正弦波の反射でも，パルス波と同様に，自由端では入射波の山が山としてもどり，固定端では入射波の山が谷としてもどる。

プラス＋
反射の際に，波の振動数は変わらない。また，入射波と反射波は，互いに逆向きに同じ速さで進んでいる。

確認問題

☑ **215.** 一直線上を進むパルス波が媒質の端に達し，山が谷となって反射した。この端は，自由端と固定端のどちらか。知識 ➡1

答 ＿＿＿＿＿＿＿＿

☑ **216.** 一直線上を進むパルス波が，自由端で反射する。図は入射波のようすを示している。この瞬間における反射波のようすを，図中に描け。知識 ➡1

自由端

☑ **217.** 正弦波が自由端で反射し，定常波ができた。端は，定常波の腹と節のどちらか。知識 ➡2

答 ＿＿＿＿＿＿＿＿

チェック
□パルス波の自由端反射の特徴を理解している。
□パルス波の固定端反射の特徴を理解している。

知識

☑ **218. パルス波の反射▶** 図のように，台形のパルス波が，1.5cm/s の速さで右向きに進んでいる。パルス波の先端が自由端Oに達してから2.0秒後の入射波を細い実線で，反射波を破線でそれぞれ描き，それらの合成波を太い実線で描け。また，端Oが固定端の場合についても同様に描け。ただし，図の1目盛りは1.0cm を表す。

➡1

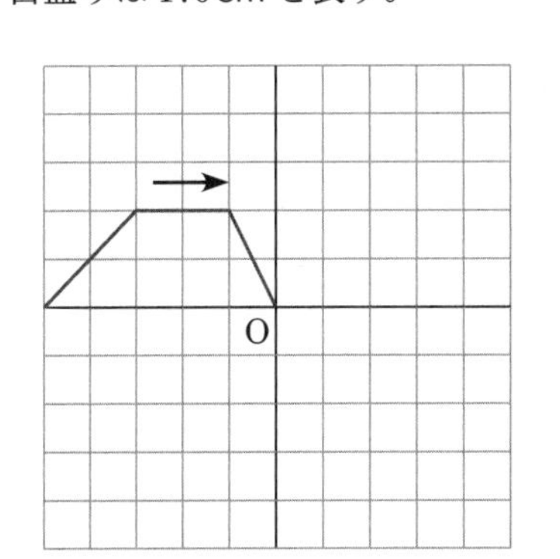

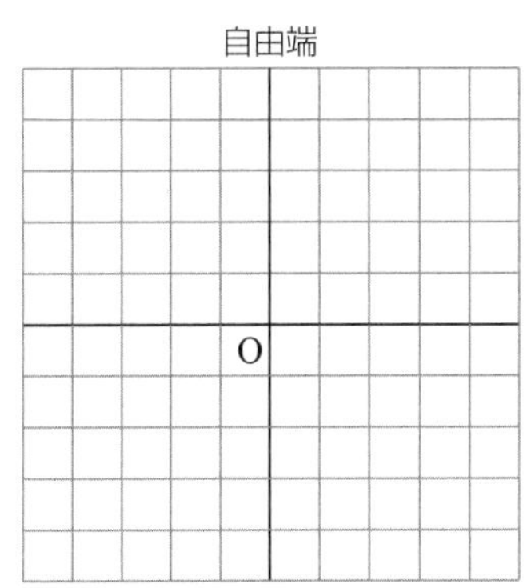

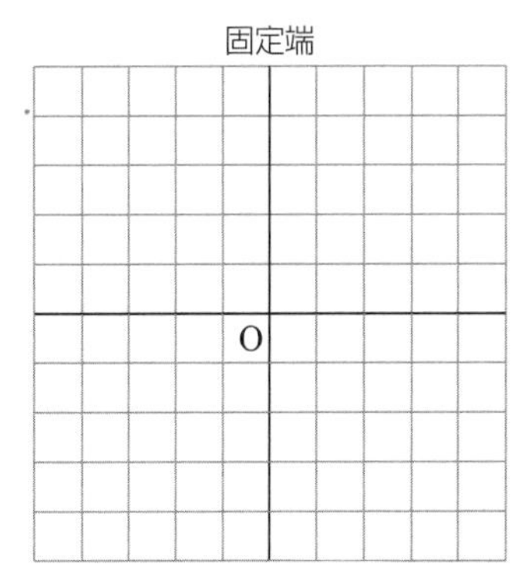

知識

☑ **219. 正弦波の反射▶** 波長8.0cm，振幅2.0cm の連続した正弦波が，x 軸を正の向きに進んでいる。$x=11.0$cm にある端Pは自由端であり，波はPで反射する。図は，ある時刻における入射波のようすである。次の各問に答えよ。

➡2

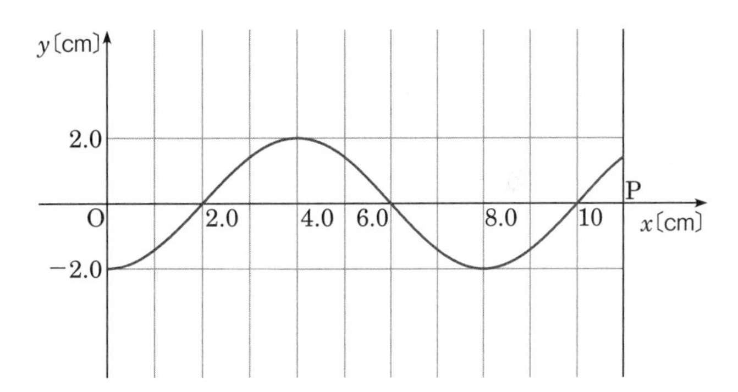

(1) このときの反射波を，図中に破線で描け。

(2) 入射波と反射波の合成波を，図中に太い実線で描け。

(3) 入射波と反射波の重ねあわせによって定常波が生じる。定常波の腹の位置を，$0 \leqq x \leqq 11.0$cm の範囲ですべて求めよ。

答 ____________________

思考

☑ **220. 正弦波の反射と定常波▶** 連続した正弦波が，一直線上を右向きに進んで，固定端Eで反射する。このとき，入射波と反射波が重なりあって，定常波ができる。図は，ある瞬間における入射波のようすである。次の各問に答えよ。

➡2

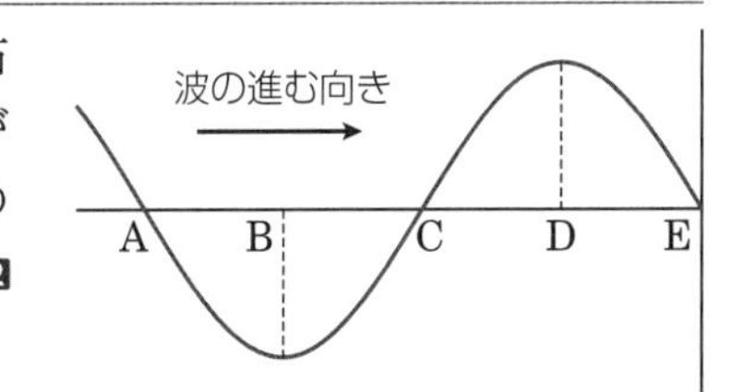

(1) 端Eは，定常波の腹と節のどちらか。

答 ____________________

(2) 定常波の腹の位置はどこか。A～Eの記号で，該当するものをすべて答えよ。

答 ____________________

(3) この正弦波の振動数を2倍にすると，BとCはそれぞれ定常波の腹と節のどちらになるか。ただし，波の伝わる速さは変わらないものとする。

答 B：　　　　C：

チェック
□連続した正弦波の自由端反射の特徴を理解している。
□連続した正弦波の固定端反射の特徴を理解している。

直線上における波の作図

解答編 p.36

要点

●**重ねあわせの原理**　一直線上を進む2つの波A，Bが出会ったとき，媒質の変位 y は波A，Bの変位 y_A，y_B の和となり，$y = y_A + y_B$ が成り立つ。

A, Bがともに正の変位をもつ場合

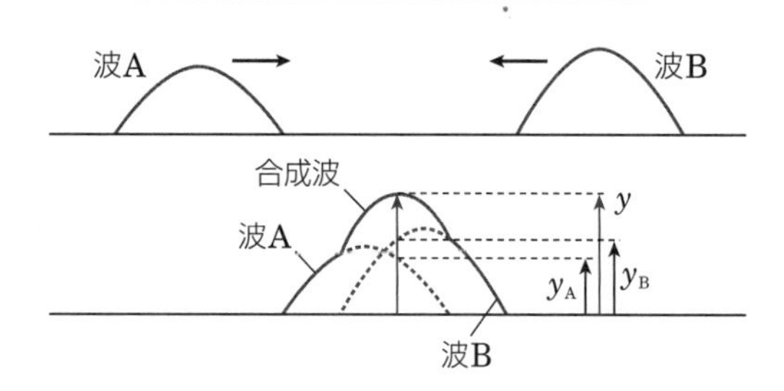

Aが負，Bが正の変位をもつ場合

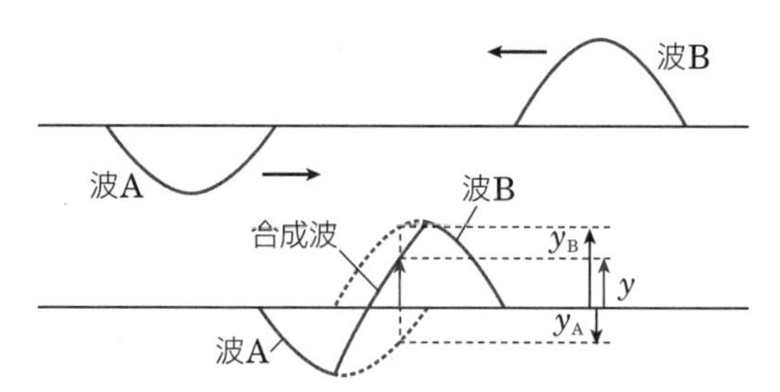

●**波の反射**　自由端，固定端における反射波は，次の手順にしたがって作図することができる。

自由端

❶反射が起こらないとしたときの入射波の延長を描く。
❷入射波の延長を自由端に対して折り返す。

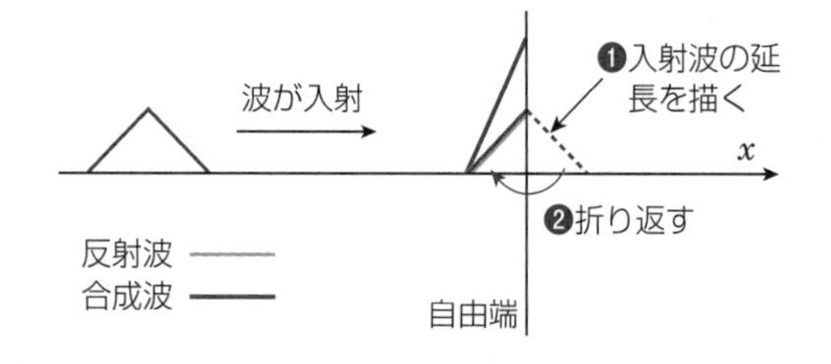

固定端

❶反射が起こらないとしたときの入射波の延長を描く。
❷入射波の延長を上下に反転させる。
❸さらに固定端に対して折り返す。

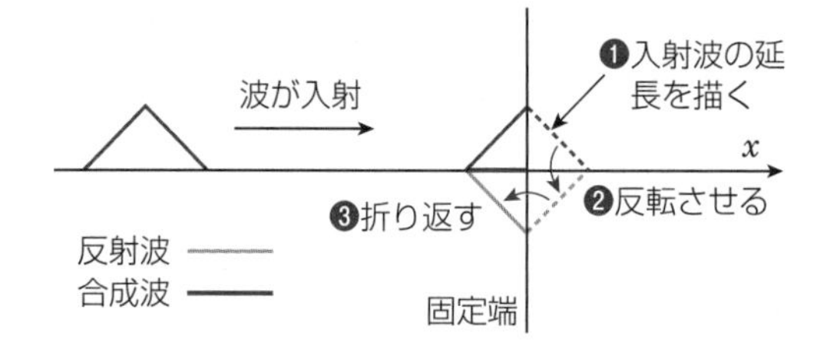

演習問題

学習日：　　月　　日／学習時間：　　分

☑ **221. 波の進行**▶ (1)，(2)のパルス波は，ともに1.0m/sの速さで x 軸の正の向きへ進んでいる。図の状態から2.0秒後の波形をそれぞれ描け。知識

(1)

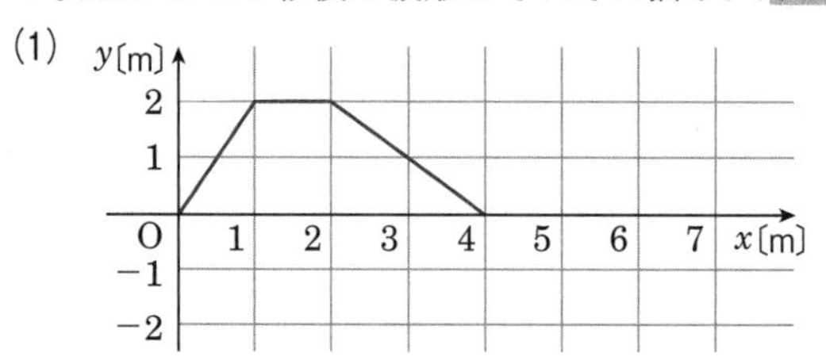

(2)

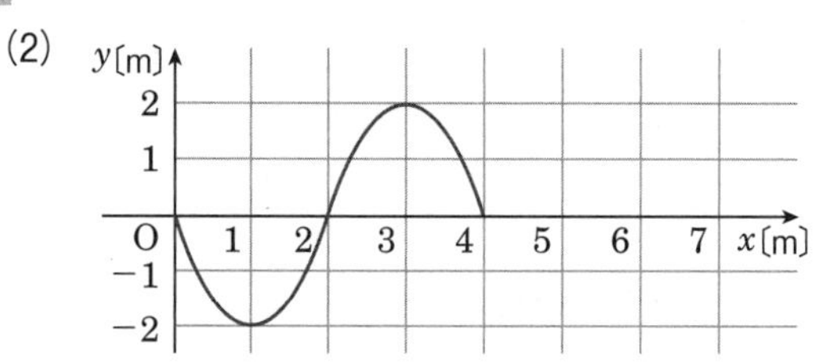

☑ **222. 波の重ねあわせ**▶ (1)，(2)のそれぞれについて，2つのパルス波の合成波を描け。知識

(1)

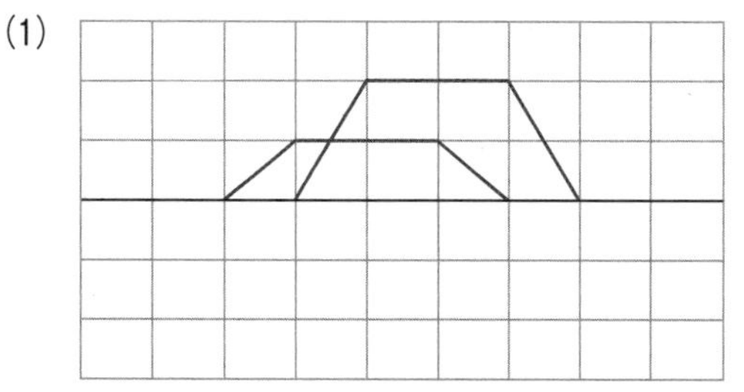

(2)

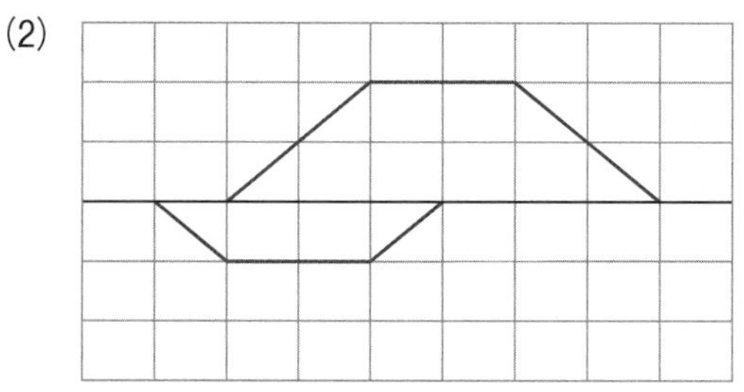

チェック
□パルス波どうしの合成波を作図することができる。
□連続した正弦波どうしの合成波を作図することができる。

223. 波の重ねあわせ▶ 図の実線および破線は，2つの連続した正弦波が，一直線上を進行しているようすである。(1)，(2)のそれぞれについて，2つの波の合成波を描け。知識

(1)

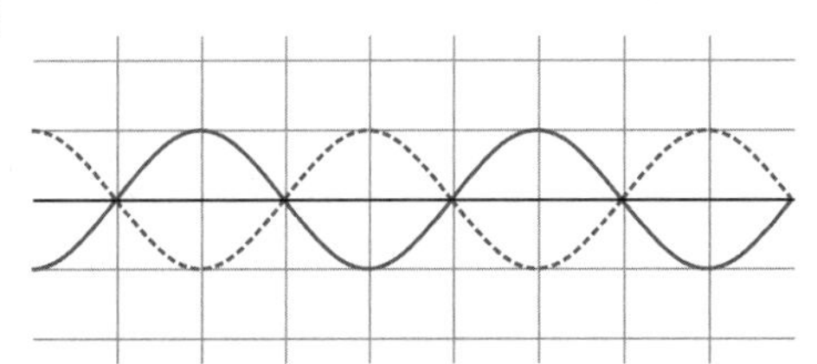

(2)

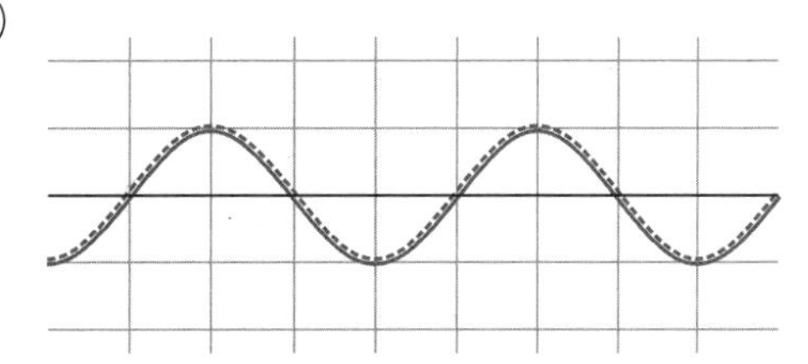

224. 波の重ねあわせ▶ 波長 8.0cm の連続した正弦波A，Bが，一直線上を互いに逆向きに，同じ速さ 2.0cm/s で進んでいる。図の状態から 3.0 秒後，および 4.0 秒後における，A，Bの合成波を描け。ただし，図の1目盛りは 1.0cm を表す。知識

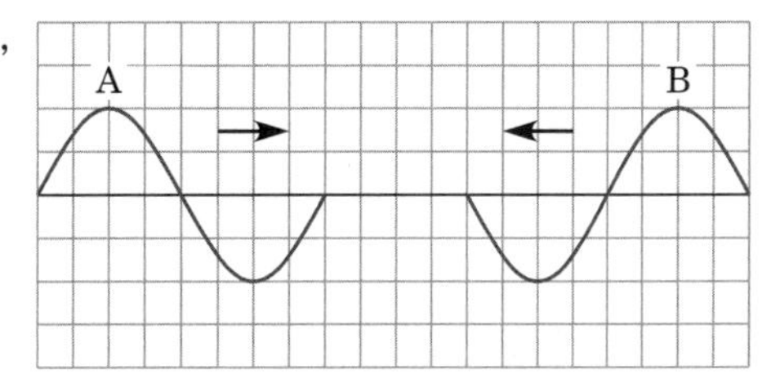

3.0 秒後

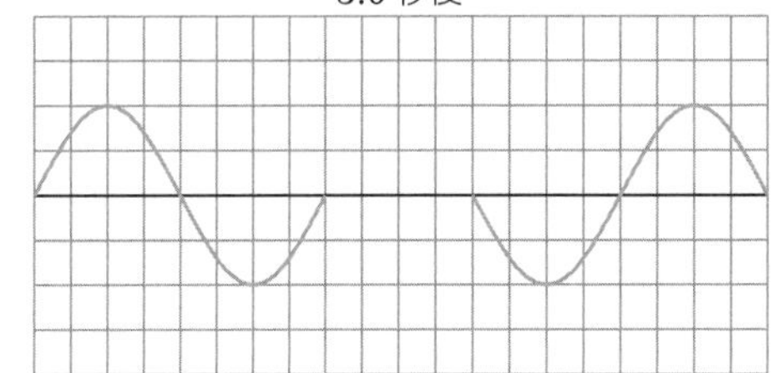

4.0 秒後

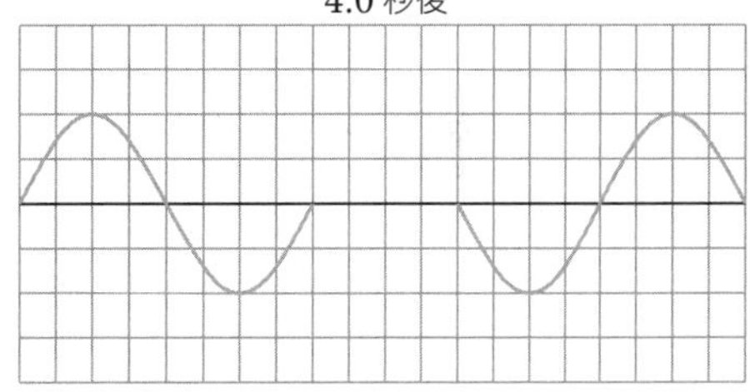

225. 波の反射▶ 連続した正弦波が，右向きに進み，端Oで反射し続けている。知識

(1) 図は，ある時刻における入射波のようすである。①，②のそれぞれの場合について，反射波を破線で，入射波と反射波の合成波を太い実線で描け。

①端Oが自由端の場合

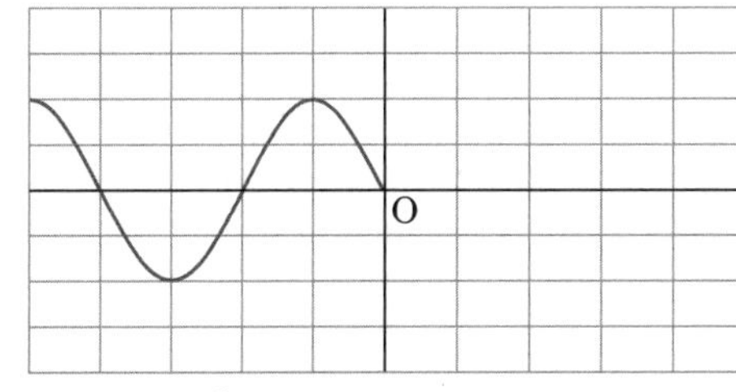

②端Oが固定端の場合

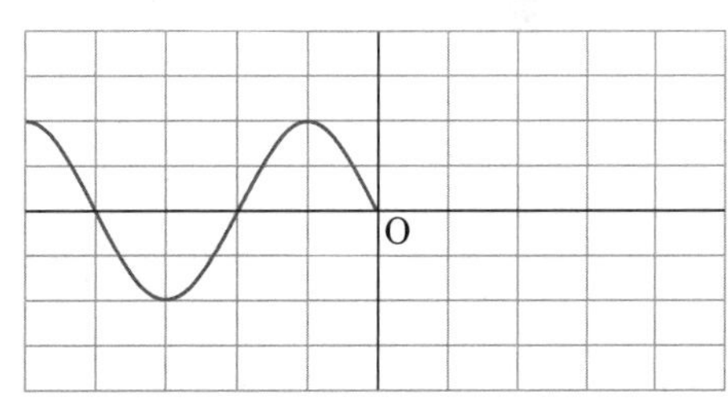

(2) (1)の時刻から $\frac{1}{4}$ 周期経過したとき，①，②のそれぞれの場合について，入射波を実線で，反射波を破線で描け。また，それらの合成波を太い実線で描け。

①端Oが自由端の場合

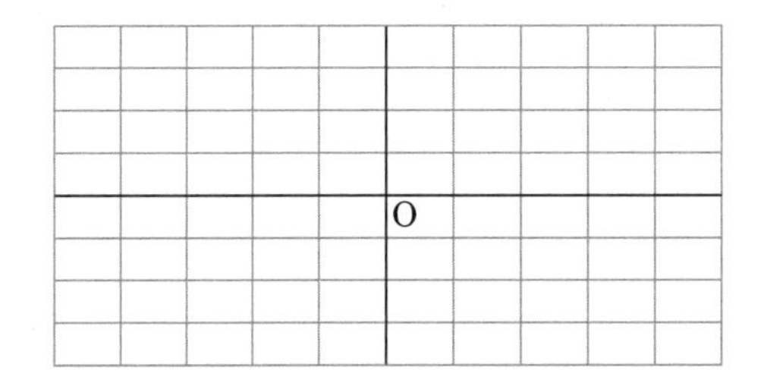

②端Oが固定端の場合

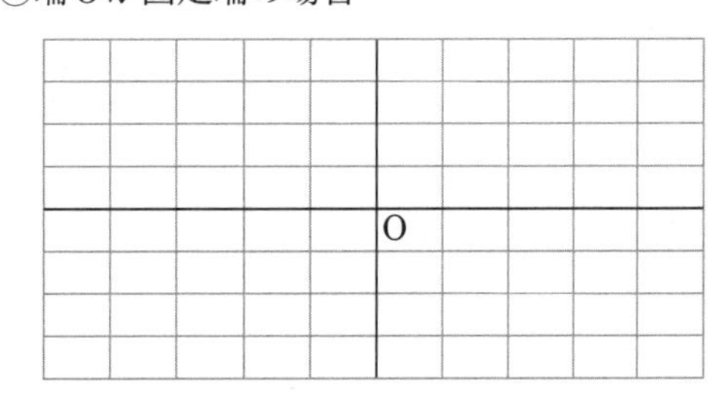

チェック
□2つの波が時間とともに進行するときの合成波のようすを作図することができる。
□波が媒質の端で反射するときの反射波・合成波を作図することができる。

25 音の性質

●解答編 p.37

学習のまとめ

1 媒質と音の速さ

太鼓をたたくと，膜が振動し，その振動が(ア　　　　)の疎密として伝わる。この縦波(疎密波)を(イ　　　　)という。

空気中における音の速さ(音速)は，振動数や波長に関係なく，温度によって異なり，気温が t〔℃〕のときの音速 V〔m/s〕は，次式で表される。

$V=331.5+$(ウ　　　　)

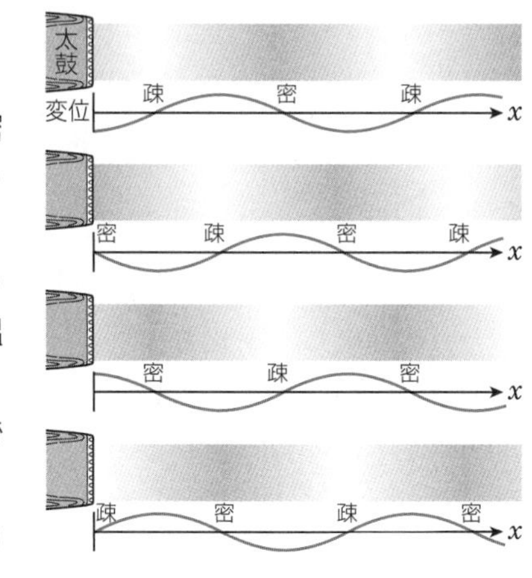

プラス＋
音は，空気だけでなく，他の気体，液体，固体を媒質としても伝わるが，媒質のない真空中では伝わらない。

2 音の 3 要素

音の特徴は，高さ，大きさ，音色で表され，これらを(エ　　　　)という。音は，(オ　　　　)が大きいほど高く聞こえる。また，同じ高さの音であれば，大きい音ほど(カ　　　　)が大きい。音色は(キ　　　　)によって決まる。

プラス＋
人間が聞き取ることのできる音の振動数は，およそ 20～20000 Hz である。振動数が大きく，聞き取ることのできない音は，超音波とよばれる。

3 音の反射

山びこが聞こえるのは，声が山で反射するためである。音は，空気と山の境界のような，異なる(ク　　　　)の境界で反射する。

4 うなり

振動数のわずかに異なる 2 つのおんさを同時に鳴らすと，音の大小が周期的に繰り返される。これを(ケ　　　　)という。

わずかに異なる振動数 f_1〔Hz〕，f_2〔Hz〕をもつ 2 つの音波が重なりあったとき，1 秒間あたりに聞こえるうなりの回数 f は，次式で表される。

$f=$(コ　　　　)

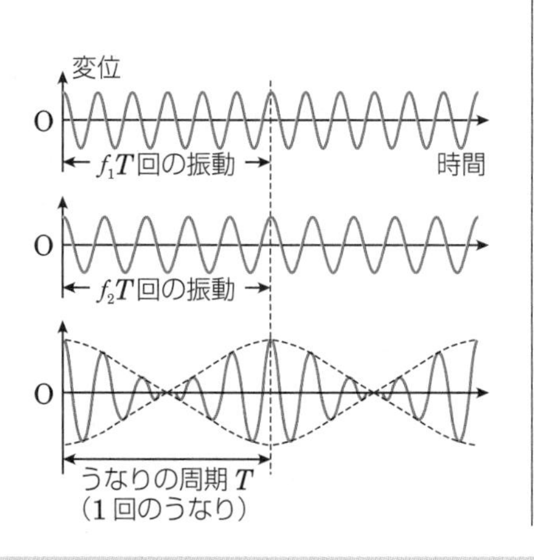

プラス＋
2 つの音波の振動数の差が大きい場合，うなりは観測されない。

確認問題

226. 気温が 15℃ のときの音速は何 m/s か。 知識 ➡1

答

227. 山に向かってさけぶと，10 秒後に山びこが聞こえた。山までの距離は何 m か。ただし，音速を 3.4×10^2 m/s とする。 知識 ➡3

答

228. 振動数が 500 Hz と 503 Hz の 2 つのおんさを同時に鳴らすと，うなりが聞こえた。このうなりは 1 秒間あたり何回聞こえるか。 知識 ➡4

答

チェック
□空気中における音波の伝わり方を理解し，音速を求めることができる。
□音の 3 要素を理解し，グラフから読み取ることができる。

知識
229. 音速▶ 気温 27.5℃ のとき，稲妻が光ってから 3.0 秒後に雷鳴が聞こえた。次の各問に答えよ。

(1) このときの音速は何 m/s か。 ➡1

答

(2) 音を聞いた地点から稲妻までの距離は何 m か。

答

知識
230. 音の可聴域▶ 人の耳に聞こえる音の振動数を 20〜2.0×10^4 Hz，音速を 3.4×10^2 m/s とする。

(1) 人の耳に聞こえる最も高い音の波長は何 m か。 ➡2

答

(2) 人の耳に聞こえる最も低い音の波長は何 m か。

答

知識
231. 音の 3 要素▶ (a)〜(d)のグラフは，互いに異なって聞こえる 4 つの音の波形である。グラフの横軸は時間 t，縦軸は変位 y であり，4 つの図とも，t 軸，および y 軸の目盛りは等しい。次の各問に答えよ。

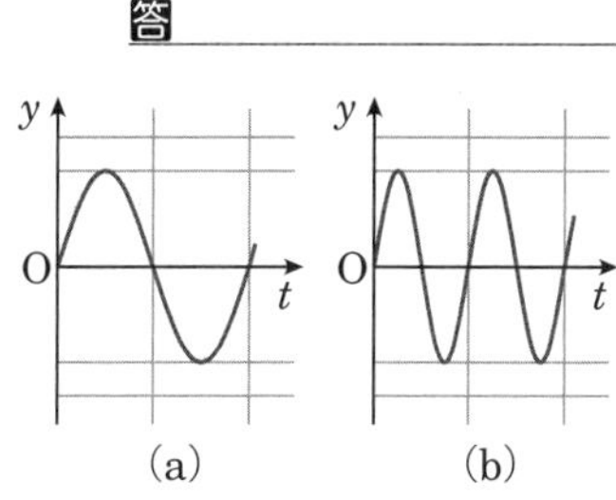

(1) (a)と(b)では，どちらの音が高く聞こえるか。 ➡2

答

(2) (a)と(c)では，どちらの音が大きく聞こえるか。

答

(3) (a)と(d)では，どちらの音がおんさから出たものか。

答

(4) (1)〜(3)の各場合において，波の何によって(a)〜(d)を区別したか答えよ。

答 (1):　　(2):　　(3):

知識
232. うなり▶ 振動数 500 Hz のおんさ A と，振動数 505 Hz のおんさ B，振動数のわからないおんさ C がある。A，C を同時に鳴らすと，毎秒 3 回のうなりが聞こえた。B，C を同時に鳴らすと，毎秒 2 回のうなりが聞こえた。おんさ C の振動数は何 Hz か。 ➡4

答

思考
233. うなり▶ 振動数が同じ 390 Hz の 2 つのおんさがある。一方にクリップをつけて同時に鳴らすと，右の図のようなうなりが観測された。クリップをつけたおんさの振動数は何 Hz か。図の横軸の 1 目盛りは，5.0×10^{-2} s である。 ➡4

答

チェック
□音の反射を理解し，音波がある距離を伝わる時間などを求めることができる。
□うなりの式を利用して，うなりの周期を求めることができる。

26 弦の固有振動

学習のまとめ

1 物体の固有振動と共振

物体は，自由に振動できる状態にある場合，その物体に固有の振動数で振動する。この振動を物体の(ア　　　　　　)といい，その振動数を(イ　　　　　　)という。

固有振動数の等しい2つの物体A，Bがあり，Aが固有振動をして，その振動がBに伝わったとき，BはAから振動のエネルギーを受け取り，しだいに大きく振動し始める。この現象を(ウ　　　　　　)，または**共鳴**という。

プラス＋
物体の固有振動数は，1つとは限らない。

2 弦の固有振動

両端を固定して張った弦に，波源から振動を与える。波源の振動数を大きくしていくと，いくつかの決まった振動数のとき，弦に(エ　　　　　　)が生じる。これは，弦の(オ　　　　　　)と波源の振動数が一致し，共振が起きたためである。このとき，弦の両端は固定端であり，定常波の(カ　　　　　　)になる。

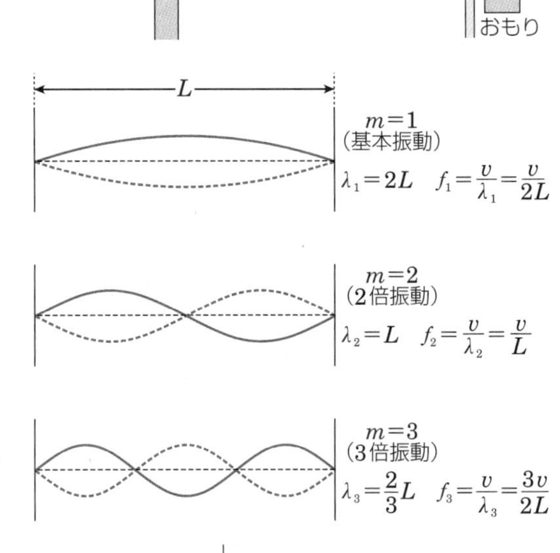

弦に生じている定常波の腹の数が m 個のとき，その波長 λ_m〔m〕は，弦の長さを L〔m〕として，次式で表される。

$$\lambda_m=\left(^{キ}\qquad\qquad\right)\quad(m=1,\ 2,\ 3,\ \cdots)$$

また，弦を伝わる横波の速さを v〔m/s〕とすると，弦の固有振動数 f_m〔Hz〕は，次式で表される。

$$f_m=\frac{v}{\lambda_m}=\left(^{ク}\qquad\qquad\right)\quad(m=1,\ 2,\ 3,\ \cdots)$$

$m=1$ のときの振動を(ケ　　　　　　)，$m=2,\ 3,\ \cdots$ のときの振動をそれぞれ(コ　　　　　　)，(サ　　　　　　)，…という。

ギターなどの弦楽器では，弦を強く張るほど，また，弦が細いほど高い音が鳴る。これは，弦を伝わる横波の速さが，弦の(シ　　　　　　)が大きいほど速く，単位長さあたりの(ス　　　　　　)(線密度)が小さいほど速いためである。

確認問題

☑ **234.** 両端を固定して張った弦に，振動を与える。与える振動数を大きくしていくと，基本振動，2倍振動，3倍振動の定常波が弦に生じた。図の基本振動の場合にならい，2倍振動，3倍振動の定常波のようすを描け。 知識 ➡2

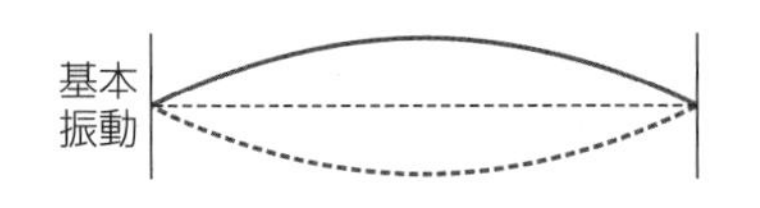

2倍振動　　　3倍振動

チェック
□2つの物体の共振(共鳴)がおこる条件を理解している。
□両端を固定した弦の固有振動で生じる定常波の特徴を理解している。

知識

235. 共振▶ 図のような装置で，振り子Aに振動を与えたとき，しばらくして大きく振動し始めるのはB～Dのうちのどれか，記号で答えよ。ただし，振り子の固有振動数は糸の長さのみで決まるものとする。 ➡1

答 ＿＿＿＿＿＿

知識

236. 弦の固有振動▶ 弦を一定の張力で張り，スピーカーで振動を与えたところ，図1のように，腹が1つの定常波ができた。さらに，与える振動数を大きくしていくと，腹が2つの定常波ができた。次の各問に答えよ。 ➡2

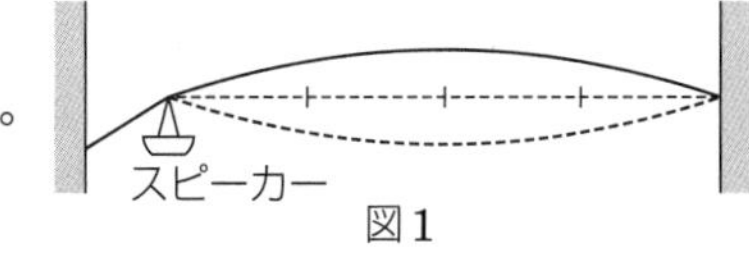

図1

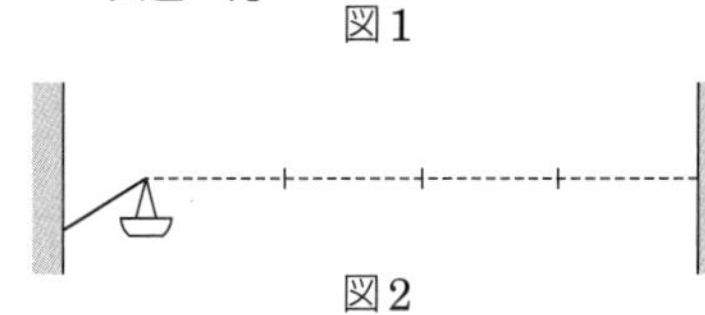
図2

(1) 腹が2つの定常波のようすを図2に描け。

(2) 図2の定常波の振動数は，図1の定常波の何倍か。

答 ＿＿＿＿＿＿

知識

237. 弦の固有振動▶ 図のように，長さ0.60mの弦を張っておんさで振動を与えると，腹が3つの定常波が生じた。弦を伝わる波の速さを4.8×10^2m/sとして，次の各問に答えよ。 ➡2

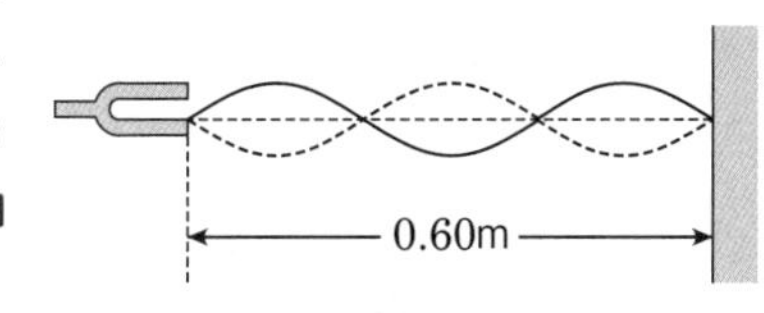

(1) この定常波の波長は何mか。

答 ＿＿＿＿＿＿

(2) この定常波の固有振動数は何Hzか。

答 ＿＿＿＿＿＿

(3) 生じる定常波の腹の数を2つにするには，おんさの振動数を何Hzにすればよいか。

答 ＿＿＿＿＿＿

(4) (3)と同じ振動数で，定常波の腹の数を3つにするには，弦の長さを何mにすればよいか。

答 ＿＿＿＿＿＿

思考

238. 弦の基本振動▶ ギターは，弦楽器の1つであり，弦に発生する定常波の固有振動数によって音の高さが変化する。ギターには6本の弦が張られており，そのうち1本の弦について，次の(1)～(3)のように条件を変えた。それぞれの場合について，基本振動の振動数はどのように変化するか。ただし，弦を伝わる横波の速さは，弦の張力が大きいほど，また，弦の線密度が小さいほど速くなる。 ➡2

(1) 弦をより強く張る。

答 ＿＿＿＿＿＿

(2) 弦の一部を指で押さえる。

答 ＿＿＿＿＿＿

(3) 太い弦(線密度の大きい弦)に変える。

答 ＿＿＿＿＿＿

チェック
□弦の振動における固有振動数や波長を求めることができる。
□弦を伝わる波の速さと，弦の張力，線密度の関係を理解している。

27 気柱の固有振動

●解答編 p.39

学習のまとめ

1 管の中の空気の振動

管楽器などの管内の空気(**気柱**)に，その(ア　　　　　　)と等しい振動数の振動を与えると，気柱は(イ　　　　　)し，定常波ができる。

2 閉管における気柱の固有振動

一端だけが閉じた管を(ウ　　　　　)という。閉じた端の空気は振動できないので，定常波の(エ　　　　　)となり，開いた端の空気は自由に振動できるので，定常波の(オ　　　　　)となる。定常波の波長 λ_m〔m〕，固有振動数 f_m〔Hz〕は，管の長さを L〔m〕，空気中の音速をV〔m/s〕として，次式で表される。

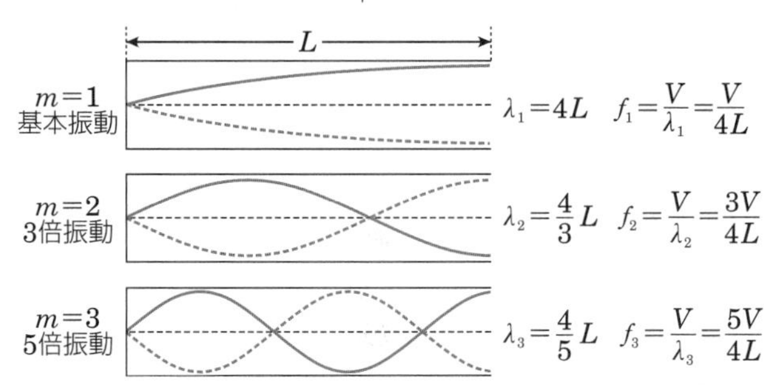

$\lambda_m=$ (カ　　　　　　)

$f_m=$ (キ　　　　　　)　$(m=1,\ 2,\ 3,\ \cdots)$

$m=1,\ 2,\ 3,\ \cdots$は，基本振動，3倍振動，5倍振動，…に対応する。

プラス＋ 開いた端でも，管の内外における振動の条件の違いから，波の反射が起こる。

プラス＋ 閉管では奇数倍振動しか生じない。

3 開管における気柱の固有振動

両端が開いた管を(ク　　　　　)といい，両端の空気は定常波の(ケ　　　　　)となる。定常波の波長 λ_m〔m〕，固有振動数 f_m〔Hz〕は，管の長さを L〔m〕，空気中の音速を V〔m/s〕として，次式で表される。

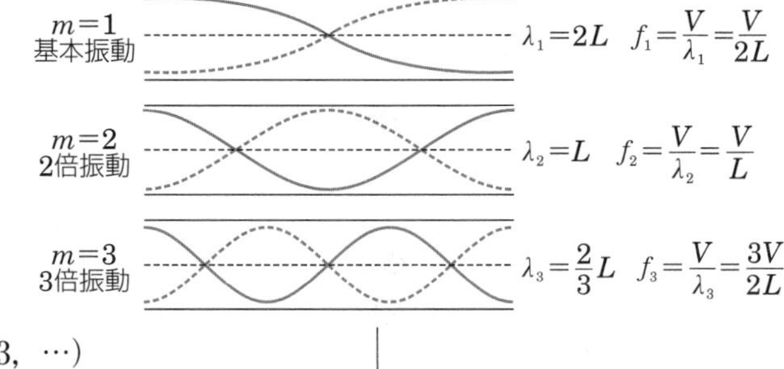

$\lambda_m=$ (コ　　　　　　)

$f_m=$ (サ　　　　　　)　$(m=1,\ 2,\ 3,\ \cdots)$

$m=1,\ 2,\ 3,\ \cdots$は，基本振動，2倍振動，3倍振動，…に対応する。

確認問題

☑ **239.** 閉管に振動を与える。振動数を大きくしていくと，基本振動，3倍振動，5倍振動の定常波が生じた。図の基本振動の場合にならい，3倍振動，5倍振動の定常波のようすを描け。知識 ➡2

基本振動　　3倍振動　　5倍振動

☑ **240.** 開管に振動を与える。振動数を大きくしていくと，基本振動，2倍振動，3倍振動の定常波が生じた。図の基本振動の場合にならい，2倍振動，3倍振動の定常波のようすを描け。知識 ➡3

基本振動　　2倍振動　　3倍振動

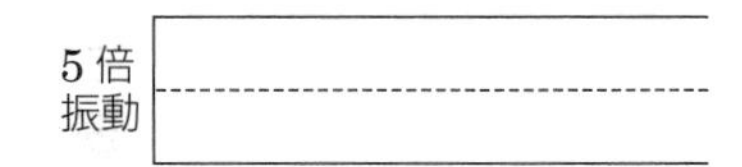

チェック
□閉管における気柱の固有振動で生じる定常波の特徴を理解している。
□閉管における気柱の固有振動数や波長を求めることができる。

知識

241. 管内の空気の振動▶ 閉管内に図のような定常波が生じている。(1)〜(3)の各部分は，A〜Dのどこに該当するか，記号で答えよ。ただし，管口と定常波の腹は一致するものとする。 ➡2

A B C D

(1) 振幅が最大の部分

答 ＿＿＿＿＿＿

(2) 振幅が常に0の部分

答 ＿＿＿＿＿＿

(3) 空気の圧力の変化（疎密の変化）が最大の部分

答 ＿＿＿＿＿＿

知識

242. 気柱の共鳴▶ ガラス管の口にスピーカーを置き，振動数 6.0×10^2 Hz の音波を送る。ピストンを矢印の向きにゆっくりと移動させていくと，ピストンの位置が管口から 12.7 cm のときにはじめて音が大きくなり，40.2 cm のときに再び音が大きくなった。次の各問に答えよ。 ➡2

40.2cm
12.7cm
ピストン

(1) この音の波長は何 m か。

答 ＿＿＿＿＿＿

(2) この音の速さは何 m/s か。

答 ＿＿＿＿＿＿

(3) 3度目に音が大きくなるのは，ピストンの位置が管口から何 cm のときか。

答 ＿＿＿＿＿＿

思考

243. 気柱の共鳴▶ 長さ 0.60 m の開管に，3倍振動の定常波が生じている。音速を 3.4×10^2 m/s とし，開口端と定常波の腹は一致するものとして，次の各問に答えよ。 ➡3

(1) この定常波のようすを横波として図示せよ。

(2) この定常波の波長は何 m か。

答 ＿＿＿＿＿＿

(3) この定常波の振動数は何 Hz か。

答 ＿＿＿＿＿＿

知識

244. 閉管と開管▶ ある開管を，そのまま鳴らしたときと，一端をふさぎ閉管として鳴らしたときとで，基本振動の振動数に 2.5×10^2 Hz の差があった。音速を 3.4×10^2 m/s とし，管口と定常波の腹の位置は一致するものとして，次の各問に答えよ。 ➡2 3

(1) この管の長さは何 m か。

答 ＿＿＿＿＿＿

(2) この管の基本振動の振動数は何 Hz か。閉管と開管，それぞれの場合について求めよ。

答 閉管：＿＿＿＿＿＿ 開管：＿＿＿＿＿＿

チェック
□開管における気柱の固有振動で生じる定常波の特徴を理解している。
□開管における気柱の固有振動数や波長を求めることができる。

思考

245. ウェーブマシンの実験▶ 全長 1.2m のウェーブマシンを用いて波の伝わるようすを観察した。

(1) ウェーブマシンの左端に 0.60 秒間だけ振動を与えると，図①のような正弦波が現れた。この波の波長と速さを答えよ。

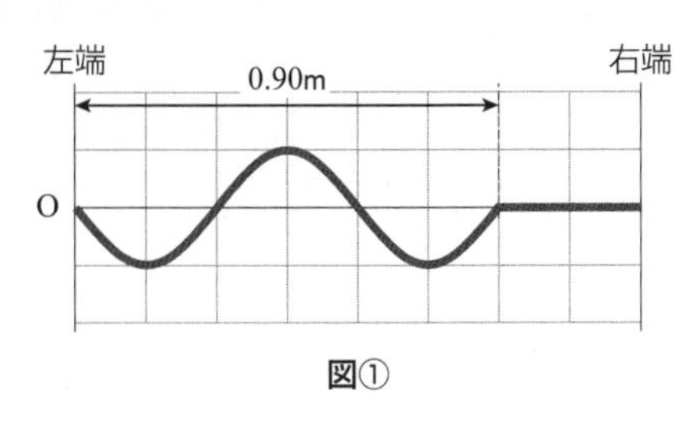

図①

答 波長：　　　　速さ：

(2) しばらくすると，図①の波はすべて右端で反射された。このときの波形を図②に描け。ただし，ウェーブマシンの右端は，自由端であるとする。

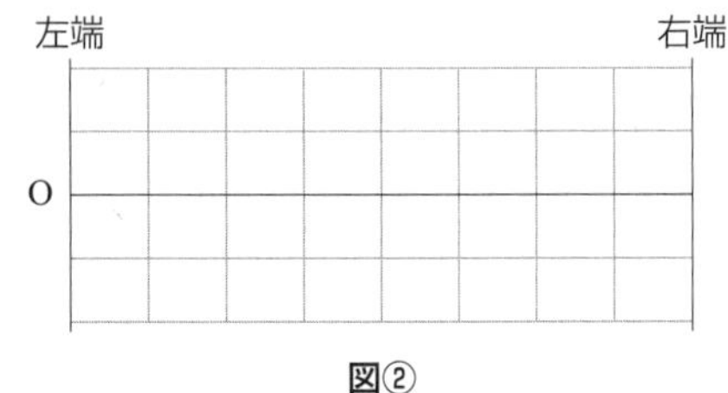

図②

(3) 次に，(1)と同じ振動をウェーブマシンの左端に与え続けると，定常波ができた。左端の変位が上向きに最大となるときの，定常波の波形を図③に描け。

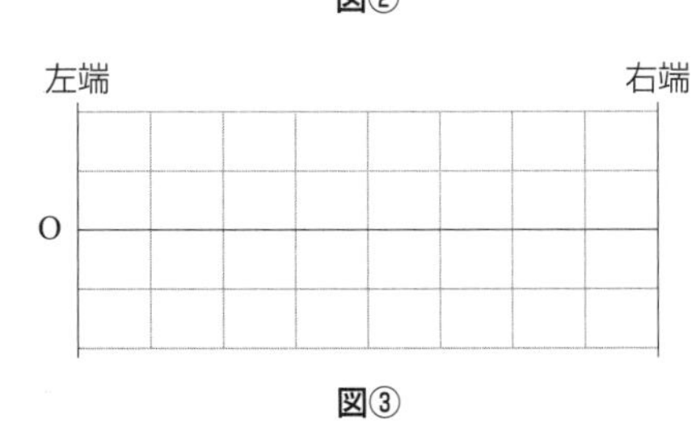

図③

(4) (3)の定常波の節の数を 2 倍にするために，ウェーブマシンに与える振動をどのようにしたらよいかを考察した。ある生徒が書いた次の文章の(ア)と(イ)に，適切な数値を入れて完成させよ。

「ウェーブマシンを伝わる波の速さは変わらないため，振動数を(　ア　)倍にすると，定常波の波長は元の(　イ　)倍になり，定常波の節の数は 2 倍になる。」

答 (ア)　　　　(イ)

思考

246. 縦波▶ 図は，縦波を横波のように表したものである。次の 2 人の会話が科学的に正しいものとなるように，(ア)～(エ)に当てはまる適切な語句や数値を答えよ。

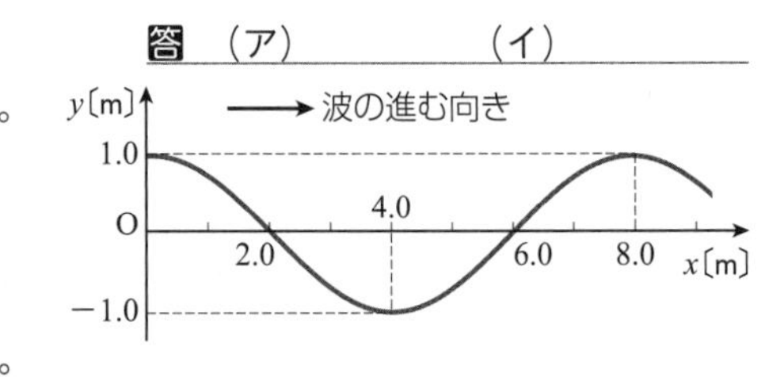

A：このグラフから，縦波に関していろいろなことが読み取れそうだね。まず，最も密になる点を探してみようよ。

B：縦波の x 軸の正の向きの変位を，y 軸の正の向きの変位として表示しているんだよね。したがって，$0 \leqq x \leqq 8.0$m の範囲では，(　ア　)m の点が密といえるね。そういえば，媒質の速度についてもこのグラフから読み取れるんだったっけ。

A：そうだね。変位が(　イ　)となる点の媒質の速さが最大であり，変位が最大になる点では媒質の速さが(　ウ　)になるね。

B：$0 \leqq x \leqq 8.0$m の範囲では，(　エ　)m の点の媒質の速度が x 軸の負の向きに最大になっているのか。

答 (ア)　　　　(イ)　　　　(ウ)　　　　(エ)

思考

247. 弦の固有振動数▶ 図のような装置を組み立て，おんさを振動させたところ，PQ 間に 2 個の腹をもつ定常波ができた。このときの PQ の長さを 0.80m，弦を伝わる波の速さを 3.2×10^2m/s とする。

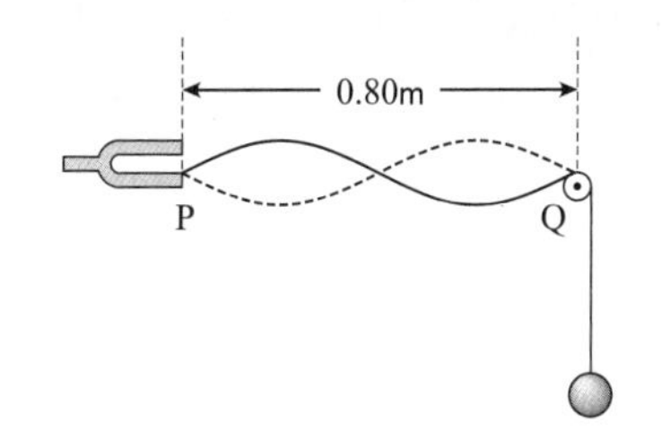

(1) このときの定常波の波長と，おんさの振動数をそれぞれ求めよ。

答 波長：　　　　振動数：

(2) PQ の長さを 1.2m とした場合，定常波の波長と腹の数はそれぞれいくらになるか。

答 波長：　　　　腹の数：

(3) PQ の長さを 0.80m にもどし，おもりの数を増やして，おんさを振動させると，腹の数が 2 個ではない定常波ができた。このときの腹の数は 2 個から増えたか，減ったか。理由とともに答えよ。

答 腹の数：　　　　理由：

思考

248. 気柱の固有振動数▶ A，B の 2 人は，振動数がわかっているおんさを使って，右の図のような気柱の共鳴の実験を行い，音速を測定した。以下は，このときの A，B の会話である。次の各問に答えよ。

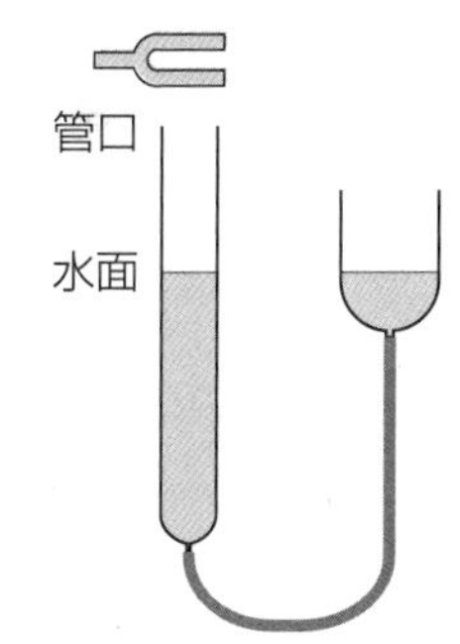

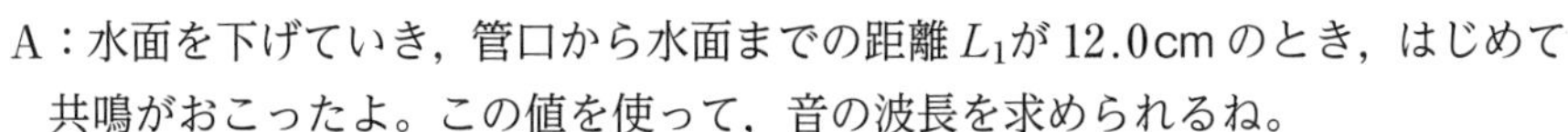

A：水面を下げていき，管口から水面までの距離 L_1 が 12.0cm のとき，はじめて共鳴がおこったよ。この値を使って，音の波長を求められるね。

B：ちょっと待って。こういった実験では，開口端補正のことを考えないといけないよ。開口端にできる定常波の腹は，管の端よりも少し(　ア　)側にあるんだ。波長を求めるためには，次の共鳴点を探す必要があるよ。

A：えっと，次に共鳴がおこるのは，管口と水面の距離 L_2 が 37.0cm のときだ。

B：L_1 と L_2 の差は 25.0cm だね。音の波長を λ とすると，この長さは，(　イ　)λ と等しくなるから，この音の波長は(　ウ　)cm であるといえる。さらに，開口端補正が何 cm なのかも考えてみようよ。

A：開口端補正を Δx〔cm〕とすると，これに L_1 を加えたものが(　エ　)λ になるんだよね。だから，開口端補正は(　オ　)cm になると考えられる。

B：そのとおり。最後に音速について考えよう。このおんさの振動数は 700Hz，波長は(　ウ　)cm だから，音速は(　カ　)m/s であると求められるね。

(1) 2 人の会話が科学的に正しいものとなるように，(ア)～(カ)に当てはまる適切な語句や数値を答えよ。

答 (ア)　　(イ)　　(ウ)　　(エ)　　(オ)　　(カ)

(2) この日よりも気温が高い別の日に，同様の実験を行った。おんさの振動数は変化しないものとすると，最初の共鳴点までの距離にはどのような違いがあると考えられるか。理由とともに答えよ。

答 距離の変化：　　　　理由：

●解答編 p.41

28 電荷と電流・物質と抵抗率

学習のまとめ

1 電荷と帯電

物体が**帯電**するもとになるものを(ア　　　　)といい，その量を(イ　　　　)という。電荷には**正電荷**と**負電荷**があり，同種の電荷の間には(ウ　　　　)，異種の電荷の間には(エ　　　　)がはたらく。この力を(オ　　　　)という。

プラス＋ 電気量の単位にはクーロン(記号C)が用いられる。

2 帯電のしくみ

原子は，中心の**原子核**と，それを取りまく(カ　　　　)で構成されており，原子核はさらに**陽子**と**中性子**からなる。陽子がもつ正の電気量と電子がもつ負の電気量は大きさが等しい。これを(キ　　　　)といい，その値 e は，$e=1.6\times10^{-19}$C である。

2つの物体を接触させ，物体間で電子が移動したとき，電子を失った物体は(ク　　　　)に，電子を得た物体は(ケ　　　　)に帯電する。

プラス＋ 発展 物体間で電荷の移動があっても，電気量の総和は一定に保たれる。これを電気量保存の法則(電荷保存の法則)という。

3 自由電子の流れと電流

金属の導線を流れる電流は，(コ　　　　)の移動によるものであるが，電流の向きは(サ　　　　)電荷が流れる向きである。電流の大きさ I〔A〕は，導体の断面を t〔s〕間に q〔C〕の電荷が移動するとき，次式で表される。

電流

$I=$ (シ　　　　)

プラス＋ 金属のように電気をよく通す物質を導体という。

プラス＋ 電流の単位には，アンペア(記号A)が用いられる。

4 オームの法則

物体に電流を流そうとするはたらきを(ス　　　　)といい，電流の流れにくさを表す量を(セ　　　　)，または単に**抵抗**という。抵抗 R〔Ω〕の物体に電圧 V〔V〕が加えられ，電流 I〔A〕が流れるとき，これらの間には以下の関係が成り立つ。

$I=$ (ソ　　　　)

抵抗 R　電流 I　電圧 V

これを(タ　　　　)という。

プラス＋ 電圧の単位には，ボルト(記号V)が用いられる。

プラス＋ 抵抗の単位には，オーム(記号Ω)が用いられる。

5 抵抗率

導体の抵抗 R〔Ω〕は，材質が同じなら，長さ L〔m〕に比例し，断面積 S〔m²〕に反比例する。このとき，比例定数を ρ〔Ω·m〕として，次の関係が成り立つ。

$R=$ (チ　　　　)　　ρ を(ツ　　　　)という。

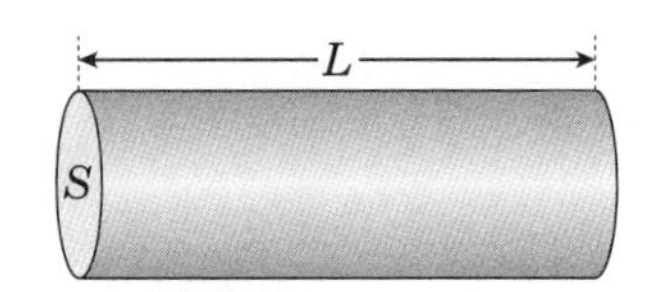

プラス＋ 抵抗率の単位には，オームメートル(記号Ω·m)が用いられる。

確認問題

☑ **249.** 導体の断面を，3.0秒間に0.30Cの電荷が通過した。電流の大きさは何Aか。 知識 ➡3

答

☑ **250.** 3.0Ωの抵抗に1.5Vの電圧を加えた。このとき流れる電流の大きさは何Aか。 知識 ➡4

答

チェック
□電子の移動による帯電のしくみを理解している。
□導線を流れる電流と電荷の関係を理解している。

知識
251. 帯電▶ 物体A，Bをこすりあわせると，Aが -3.2×10^{-8}C の電気量をもった。電子は，どちらからどちらへ，何個移動したか。ただし，電気素量を 1.6×10^{-19}C とする。 ➡2

答

知識
252. 電荷と電流▶ 電池から 2.0A の電流を流し続けたところ，60 分間で使い切った。この間に電池から流れ出た電気量の大きさは何 C か。 ➡3

答

知識
253. オームの法則▶ 12V の電圧を加えることのできる電池がある。次の各問に答えよ。 ➡4

(1) この電池に抵抗 2.0 Ω の導線を接続した。流れる電流の大きさは何 A か。

答

(2) この電池に(1)と別の導線を接続すると，4.0A の電流が流れた。この導線の抵抗は何 Ω か。

答

知識
254. オームの法則▶ (ア)～(エ)の各場合のうち，抵抗の両端の電圧がもっとも大きいのはどれか。 ➡4

(ア) 100 Ω の抵抗に 3.0A の電流が流れている。　(イ) 150 Ω の抵抗に 2.0A の電流が流れている。
(ウ) 100 Ω の抵抗に 1.0A の電流が流れている。　(エ) 150 Ω の抵抗に 3.0A の電流が流れている。

答

思考
255. 電流と電圧のグラフ▶ 抵抗が異なる 2 つのニクロム線をそれぞれ電源装置に接続し，ニクロム線の両端にかかる電圧と流れる電流を測定したところ，右のようなグラフが得られた。より抵抗が大きいニクロム線は(ア)と(イ)のどちらか。また，その抵抗の大きさは何 Ω か。 ➡4

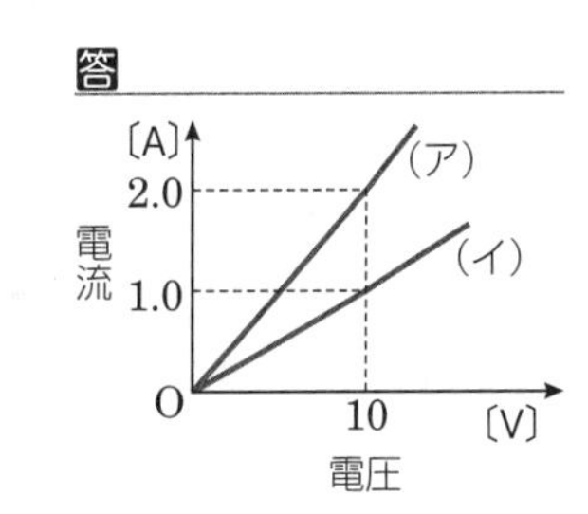

答

思考
256. 抵抗率▶ 抵抗率が 1.1×10^{-8} Ω・m の金属でつくられた，長さ 2.0m，断面積 4.0×10^{-8}m^{2}の導線がある。次の各問に答えよ。 ➡5

(1) この導線の抵抗は何 Ω か。

答

(2) もとの導線の長さを 2 倍にすると，抵抗は何 Ω になるか。

答

(3) もとの導線の断面積を 2 倍にすると，抵抗は何 Ω になるか。

答

チェック
□オームの法則を利用し，電流や電圧を求めることができる。
□抵抗と抵抗率の関係を理解している。

●解答編 p.42

29 抵抗の接続・電力量と電力

学習のまとめ

1 抵抗の接続

直列接続　R_1〔Ω〕と R_2〔Ω〕の抵抗を直列に接続したときの合成抵抗を R〔Ω〕とすると，

$R=$(ア　　　　　)

並列接続　R_1〔Ω〕と R_2〔Ω〕の抵抗を並列に接続したときの合成抵抗を R〔Ω〕とすると，

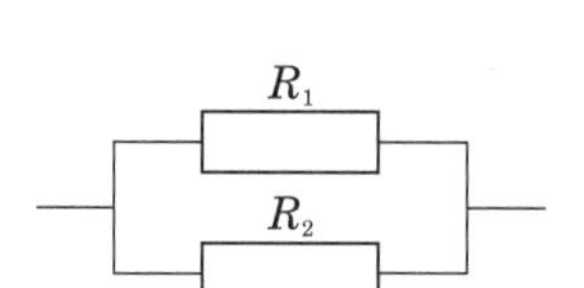

$\frac{1}{R}=$(イ　　　　　)

2 電流計と電圧計

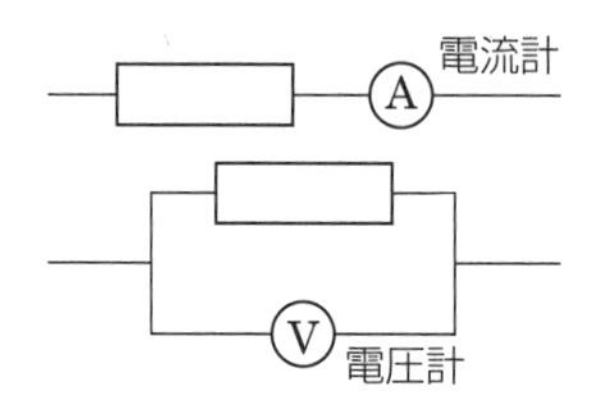

抵抗に流れる電流を測るとき，電流計は抵抗と(ウ　　　　)に接続する。

抵抗に加わる電圧を測るとき，電圧計は抵抗と(エ　　　　)に接続する。

3 ジュール熱

抵抗のある物体に電流が流れたとき発生する熱を(オ　　　　　)という。R〔Ω〕の抵抗に V〔V〕の電圧を加え，I〔A〕の電流を t〔s〕の間流したとき，発生する熱量 Q〔J〕は，次式で表される。

$Q=$(カ　　　　　)$=RI^2t=\frac{V^2}{R}t$　(これを(キ　　　　)の法則という。)

4 電力量と電力

抵抗に V〔V〕の電圧を加え，I〔A〕の電流を t〔s〕間流したとき，電流がする仕事 W〔J〕を(ク　　　　)といい，この間に発生するジュール熱に等しい。

$W=$(ケ　　　　　)

また，電流が単位時間にする仕事，すなわち仕事率 P〔W〕を(コ　　　　)といい，次式で表される。

$P=\frac{W}{t}=$(サ　　　　　)

電力の単位には，仕事率と同じ**ワット**(記号 W)が用いられる。また，電力量の単位には，ジュールのほかに，(シ　　　　)(記号 Wh)や，**キロワット時**(記号 kWh)などが用いられる。

プラス＋
複数の抵抗を接続し，全体を1つの抵抗とみなしたとき，これを合成抵抗という。

プラス＋
一般に，回路への影響を小さくするために，電流計の内部抵抗は非常に小さく，電圧計の内部抵抗は非常に大きい。

プラス＋
1Whは，1Wの仕事率で1時間仕事をしたときの電力量である。

確認問題

☑ **257.** 2.0Ωと3.0Ωの抵抗を直列に接続したときの合成抵抗は何Ωか。知識　➡1

答 ＿＿＿＿＿＿＿＿

☑ **258.** 抵抗に電圧3.0Vを加え，電流0.50Aを20秒間流した。ジュール熱は何Jか。知識　➡3

答 ＿＿＿＿＿＿＿＿

☑ **259.** 抵抗に電圧100Vを加え，電流6.0Aを流したときの電力は何Wか。知識　➡4

答 ＿＿＿＿＿＿＿＿

チェック
□合成抵抗の求め方を理解している。
□電流計・電圧計の適切な接続の仕方を理解している。

練習問題

学習日：　月　日／学習時間：　分

知識

260. 抵抗の接続▶ 14 Ω, 60 Ω, 90 Ω の抵抗と 100 V の電源を図のように接続した。次の各問に答えよ。

(1) BC 間の合成抵抗は何 Ω か。　➡1

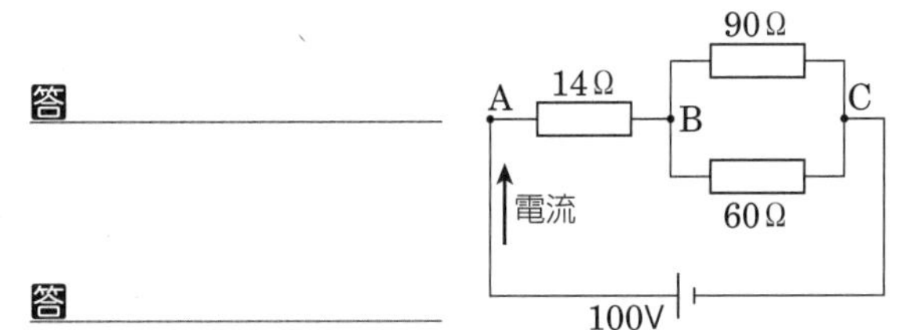

答

(2) AC 間の合成抵抗は何 Ω か。

答

(3) 電源から流れる電流の大きさは何 A か。

答

知識

261. 電流計と電圧計▶ 図のような回路の電流と電圧の関係を調べるため，電流計と電圧計を回路に組みこむ。次の各問に答えよ。　➡2

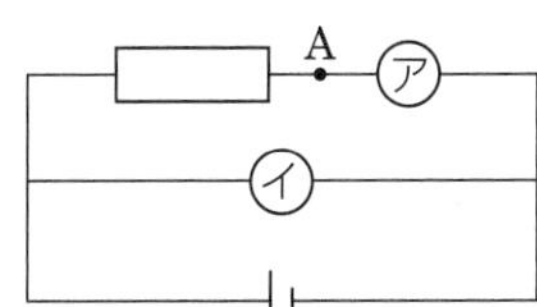

(1) 電流計と電圧計は，それぞれどの位置に組みこめばよいか。ア，イの記号で答えよ。

答 電流計：　電圧計：

(2) アの位置に計器を組みこむとき，A 側にはプラス端子，マイナス端子のどちらを接続すればよいか。

答

知識

262. 電力と発熱量▶ 100 V の電源に接続して使用したとき，500 W の電力を消費する電熱器がある。電熱器の抵抗は一定であるものとして，次の各問に答えよ。　➡34

(1) この電熱器の抵抗は何 Ω か。

答

(2) この電熱器を 90 V の電源で使用したとき，消費する電力は何 W か。また，この状態で 2.0 時間使用したとき，消費する電力量は何 Wh か。

答 電力：　電力量：

(3) この電熱器を 90 V の電源で使用したとき，3.0 分間に発生するジュール熱は何 J か。

答

思考

263. 電力と電力量▶ ある食品のパッケージに，電子レンジで加熱する場合，「加熱時間は 500 W で 10 分」と記されていた。次の各問に答えよ。　➡4

(1) この食品を 500 W で 10 分間温めたときの電力量は何 J か。

答

(2) 800 W の電子レンジで同じ食品を温めたい場合は，何秒間加熱すればよいか。

答

チェック
□抵抗に生じるジュール熱と電流，電圧の関係を理解している。
□電力量と電力の関係を理解している。

第Ⅳ章 電気

集中トレーニング 9

オームの法則と抵抗の接続

解答編 p.43

要点

いくつかの抵抗が接続された電気回路において，電流や電圧を考えるには，直列接続や並列接続の特徴を理解し，オームの法則を正しく適用することが重要である。

1 オームの法則

流れる電流 I〔A〕は，電圧 V〔V〕に比例し，抵抗 R〔Ω〕に反比例する。

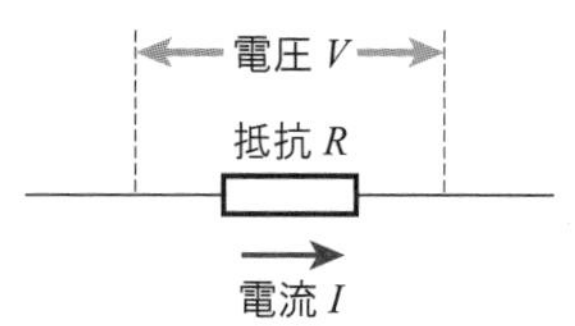

$$I=\frac{V}{R} \quad \text{または} \quad V=RI$$

2 直列接続と並列接続の特徴

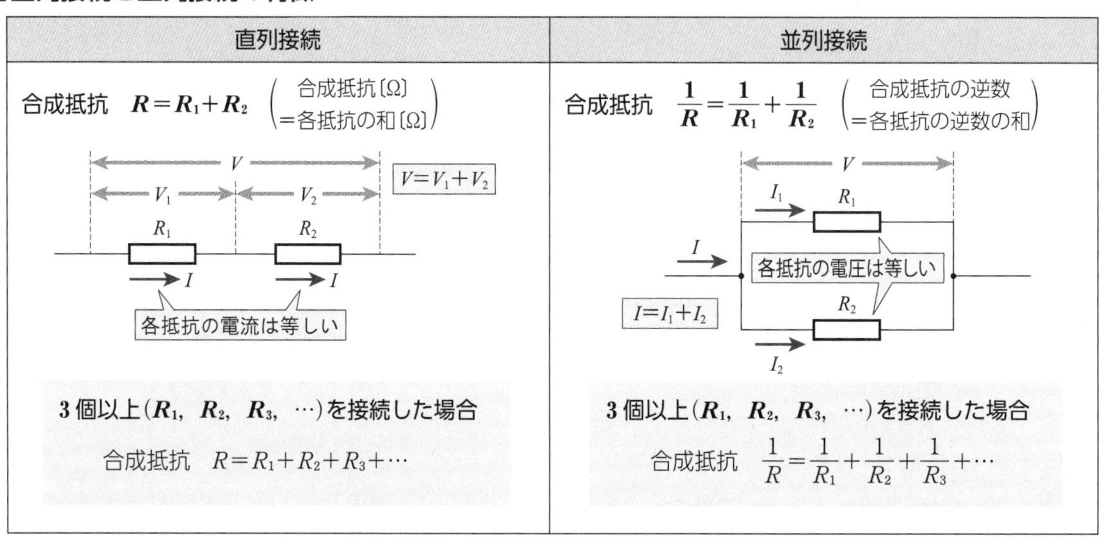

演習問題

学習日：　　月　　日／学習時間：　　分

264. オームの法則▶ 次のように，抵抗に電圧が加わり，電流が流れている。知識

(1) 電流 I〔A〕はいくらか。　(2) 電圧 V〔V〕はいくらか。　(3) 抵抗 R〔Ω〕はいくらか。

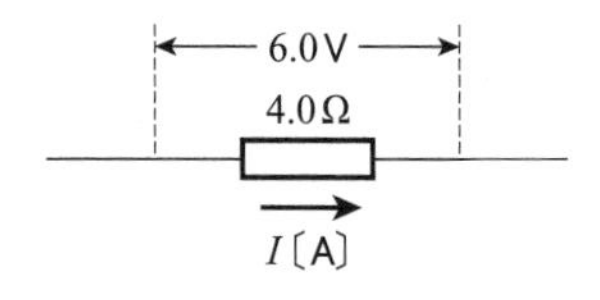

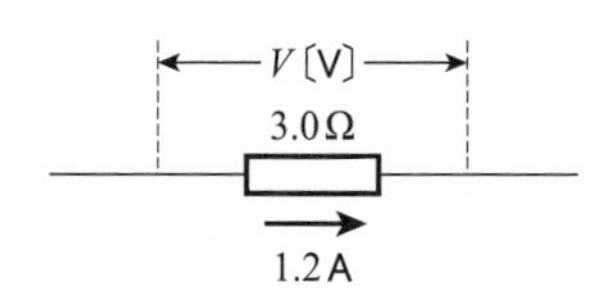

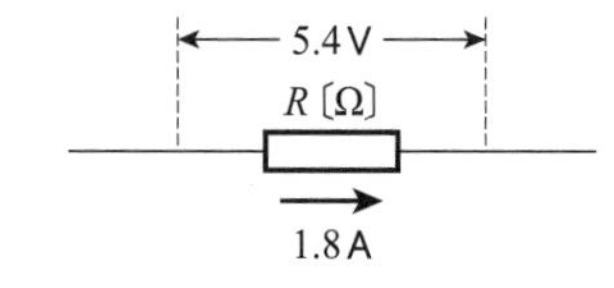

答 ＿＿＿＿　答 ＿＿＿＿　答 ＿＿＿＿

265. 抵抗の直列接続▶ 次のように抵抗が接続されている。これらの合成抵抗は何 Ω か。知識

(1)

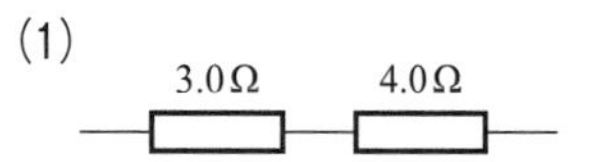

(2)

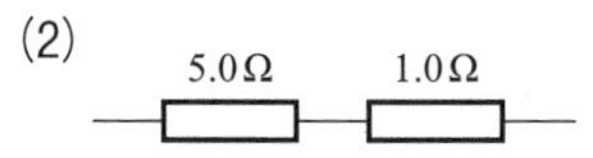

(3)

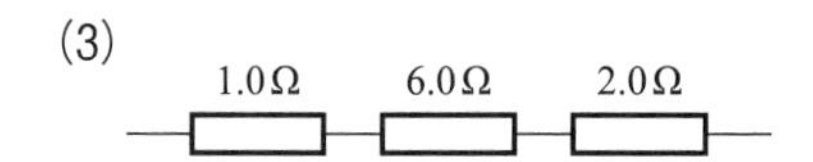

答 ＿＿＿＿　答 ＿＿＿＿　答 ＿＿＿＿

チェック
□複数の抵抗が接続されている場合の合成抵抗を求めることができる。
□複数の抵抗が接続された回路で，電流や電圧を求めることができる。

☑ 266. 抵抗の並列接続▶ 次のように抵抗が接続されている。これらの合成抵抗は何Ωか。📖知識

(1)

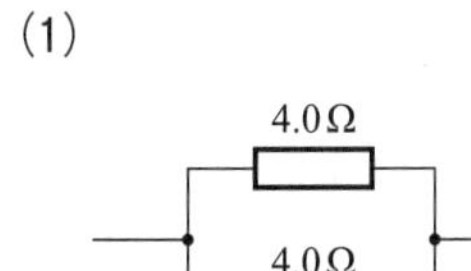

(2)

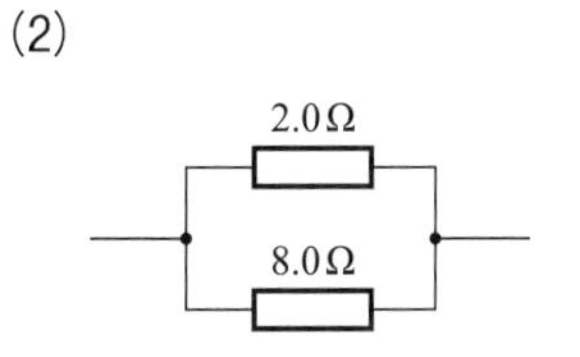

(3)

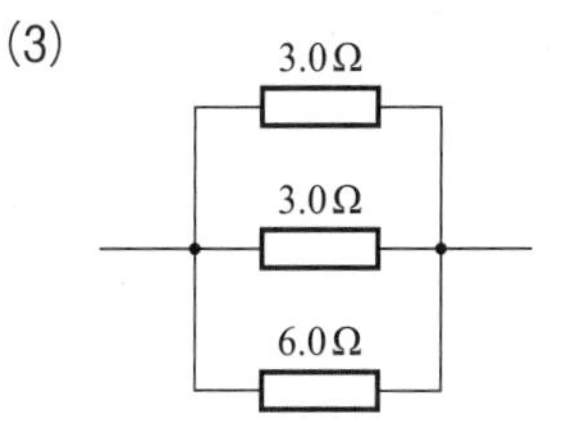

答 ＿＿＿＿＿＿　答 ＿＿＿＿＿＿　答 ＿＿＿＿＿＿

☑ 267. 抵抗の接続▶ 次のように抵抗が接続されている。これらの合成抵抗は何Ωか。📖知識

(1)

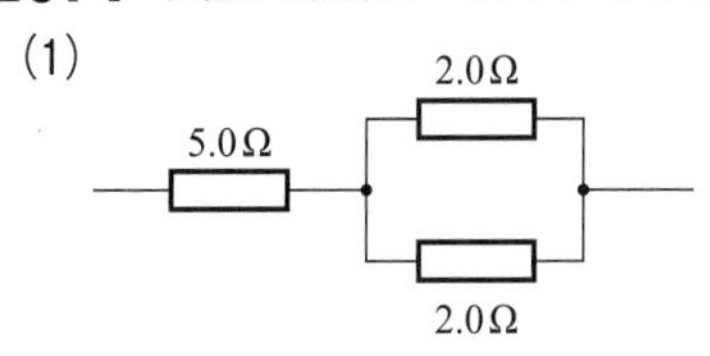

(2)

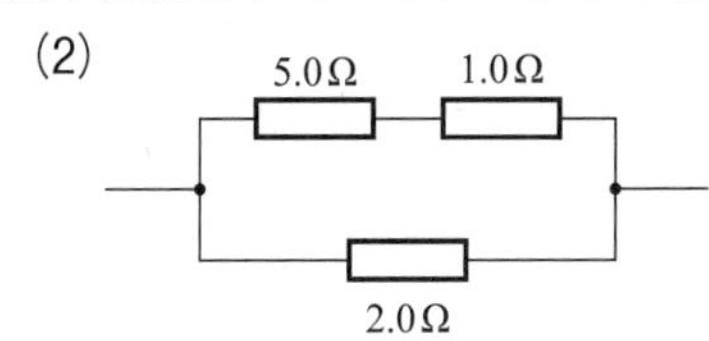

(3)

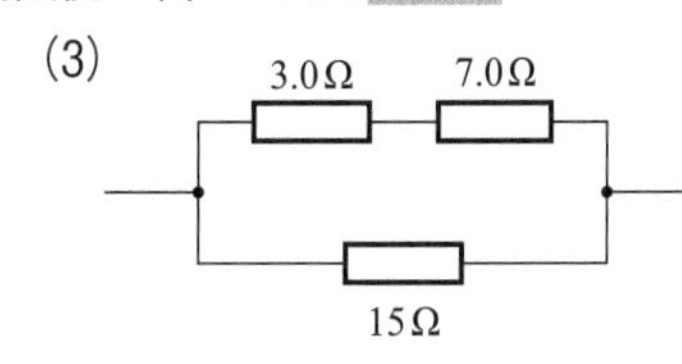

答 ＿＿＿＿＿＿　答 ＿＿＿＿＿＿　答 ＿＿＿＿＿＿

☑ 268. 抵抗を流れる電流▶ 抵抗 R_1 に図のような電流が流れている。次の各場合において，抵抗 R_2 に流れる電流は何 A か。📖知識

(1)

3.0 A

R_1　R_2

(2)

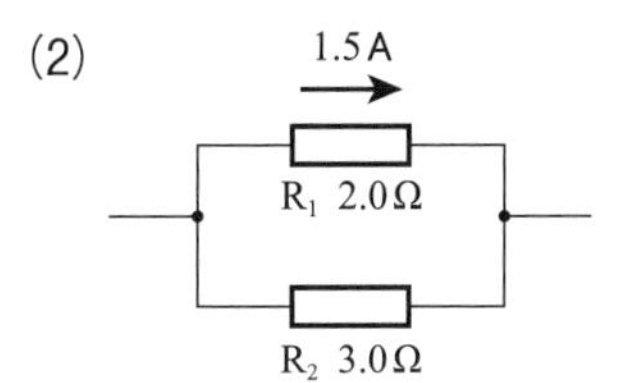

(3)

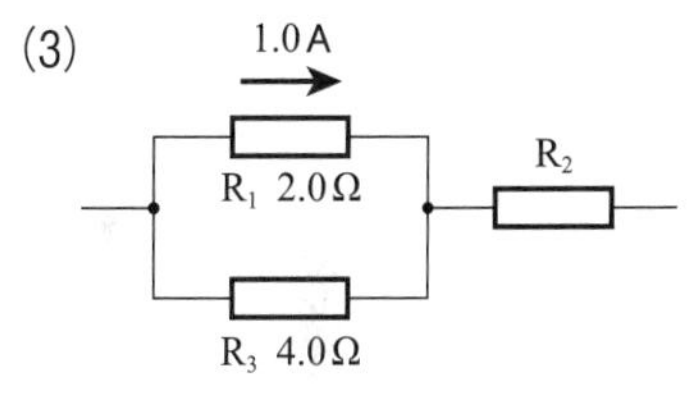

答 ＿＿＿＿＿＿　答 ＿＿＿＿＿＿　答 ＿＿＿＿＿＿

☑ 269. 抵抗に加わる電圧▶ 抵抗 R_1 に図のような電流が流れている。次の各場合において，抵抗 R_2 に加わる電圧は何 V か。📖知識

(1)

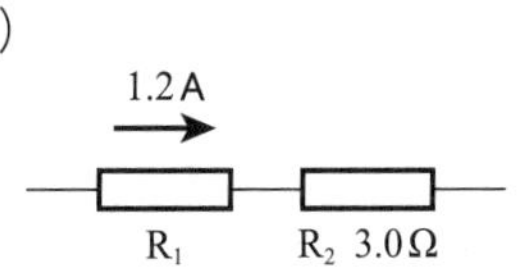

(2)

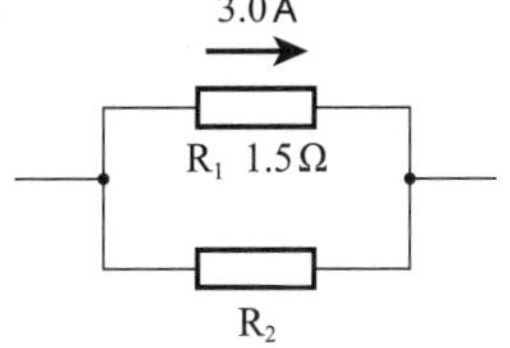

(3)

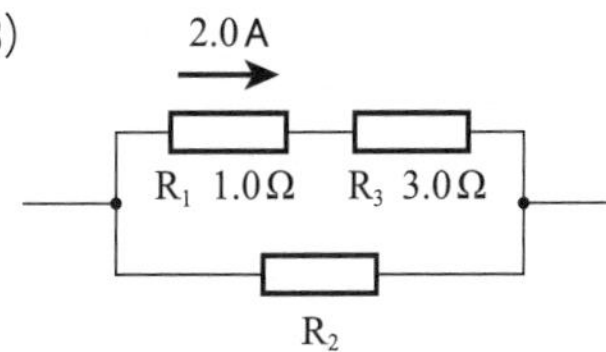

答 ＿＿＿＿＿＿　答 ＿＿＿＿＿＿　答 ＿＿＿＿＿＿

●解答編 p.44

30 電流と磁場・モーターと発電機

学習のまとめ　学習日：　月　日／学習時間：　分

1 磁場と磁力線

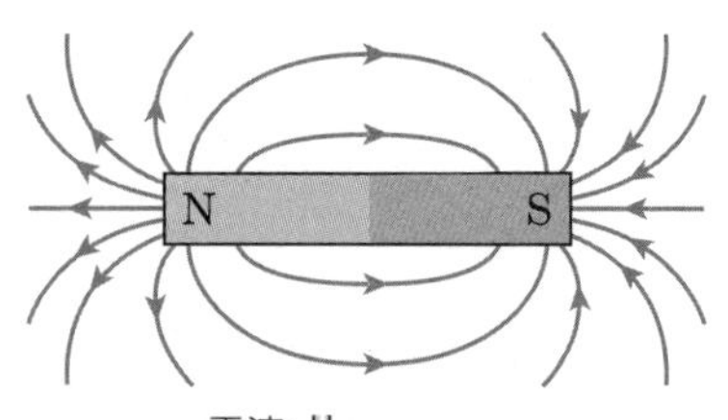

磁石の両端には，N 極と S 極のような磁極があり，磁極の間には力がはたらく。この力を(ア　　　)といい，磁極に力をおよぼす空間を(イ　　　)という。N 極が受ける力の向きが(ウ　　　)と定められており，磁場のようすは，図のように，(エ　　　)という矢印つきの線で表すことができる。

2 電流がつくる磁場

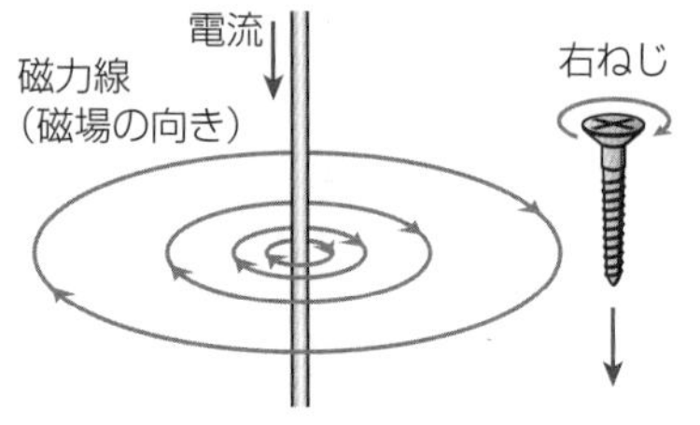

導線を流れる電流のまわりには，円形の磁場が生じる。磁場の向きは，(オ　　　)の向きに右ねじの進む向きをあわせたとき，ねじのまわる向きである。これを(カ　　　)の法則という。磁場の強さは，電流の大きさが(キ　　　)ほど，また，導線からの距離が(ク　　　)ほど強い。

導線をコイル状に巻いて電流を流したとき，コイルの内部に生じる磁場の向きは，右手の親指を立て，(ケ　　　)の向きにあわせて残りの指でコイルを握ったときの，親指の向きである。

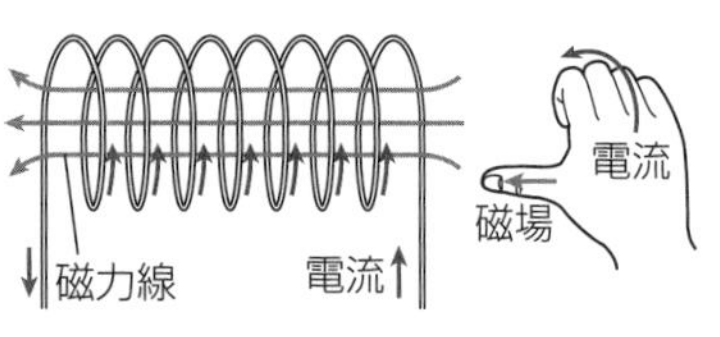

3 モーター

磁場の中に置いた導線に電流が流れると，導線には，磁場と電流の両方に(コ　　　)な方向に力がはたらく。モーターは，この力を利用しており，2 つの磁石と，その間で回転するコイルからできている。

右図は，モーターの原理を示している。このとき，電流はコイルの A → B → C → D の向きに流れており，AB の部分には(サ　　　)向きの力が，CD の部分には(シ　　　)向きの力がはたらいて，コイルを回転させる。

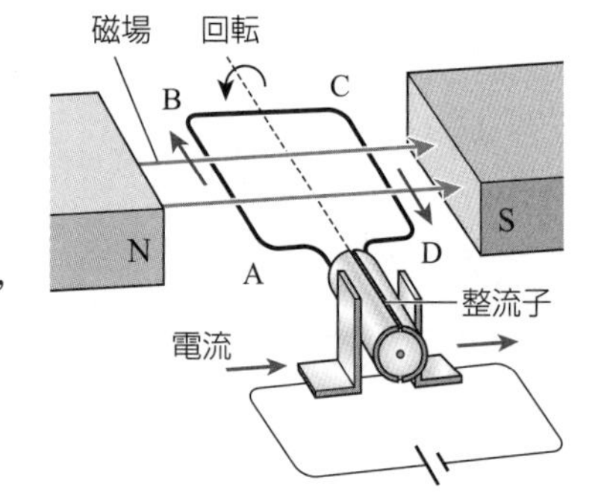

4 電磁誘導

磁石をコイルに近づけたり，遠ざけたりすると，コイルの両端に電圧が生じ，電流が流れる。この現象を(ス　　　)といい，このとき生じる電圧を(セ　　　)，流れる電流を(ソ　　　)という。

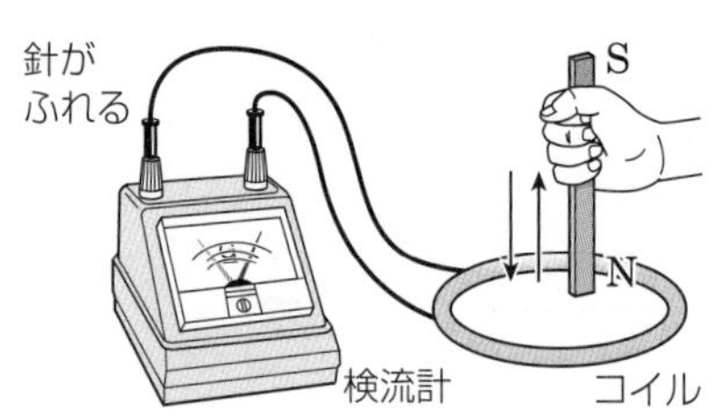

電流の向きは，磁石を近づけるときと遠ざけるときとで逆になる。また，磁極が N 極か S 極かでも逆になる。

電磁誘導は，コイルを貫く(タ　　　)の数が変化するとおこる。単位時間あたりのその変化が大きいほど，またコイルの巻数が多いほど，生じる誘導起電力の大きさは(チ　　　)。

プラス＋　発展

フレミングの左手の法則

電流，磁場，力の向きの関係は，左手を使って，図のように示される。

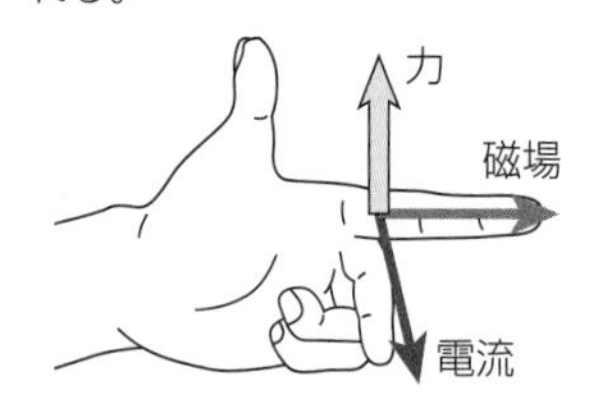

プラス＋　発展

レンツの法則

誘導電流は，コイルを貫く磁力線の変化を妨げる向きに流れる。

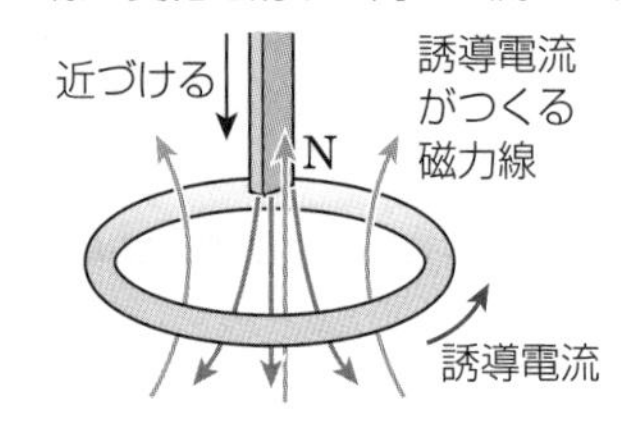

チェック
□導線を流れる電流のまわりには磁場が生じることを理解している。
□モーターは電流が磁場から受ける力を利用していることを理解している。

31 交流の発生と利用・電磁波

学習のまとめ　学習日：　　月　　日／学習時間：　　分

1 交流の発生

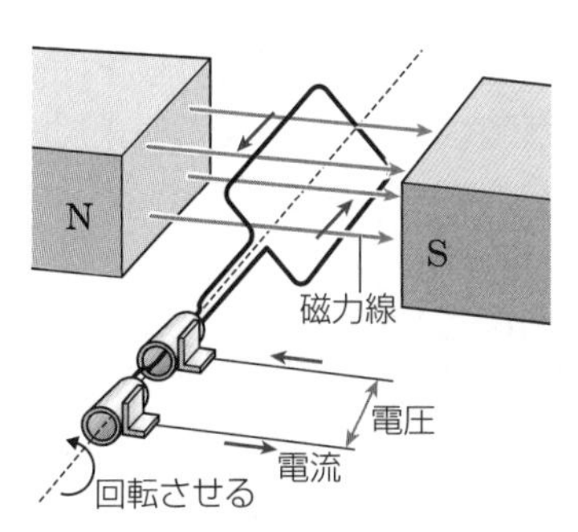

大きさが一定の周期で変化し，正，負も交互に入れ替わるような電圧を(ア　　　　　)，それによって流れる電流を(イ　　　　　)という。

図の装置では，コイルの回転に応じて交流電流が発生する。このような発電機を(ウ　　　　　)という。

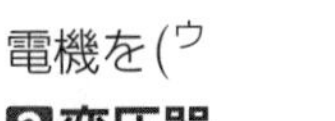

2 変圧器

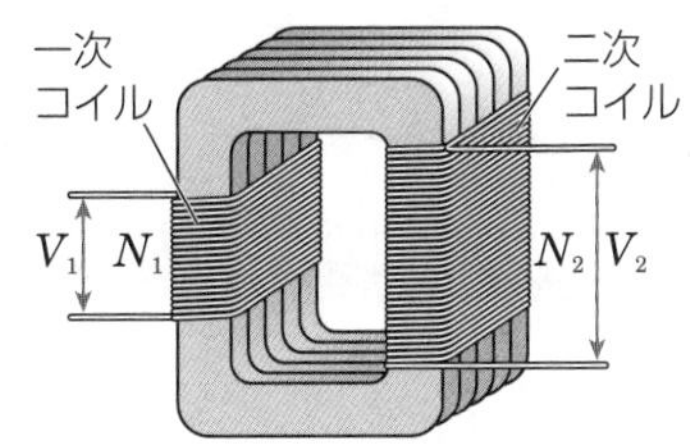

交流電圧の大きさを変化させる装置を(エ　　　　　)(**トランス**)という。装置の一次コイルに交流電流を流すと，鉄心の内部の(オ　　　　　)の数が変化し，(カ　　　　　)によって二次コイルに交流電圧が生じる。このとき，一次コイルに加える電圧 V_1〔V〕，二次コイルに生じる電圧 V_2〔V〕の比は，それぞれのコイルの巻数 N_1，N_2 の比に等しい。

$V_1 : V_2 =$ (キ　　　　　)

たとえば，一次コイルの巻数が 300 回の変圧器に，100V の交流電圧を加えて 2000V に変換したいとき，必要な二次コイルの巻数 N_2 は，次のように求められる。

$$N_2 = N_1 \times \left(ク\qquad\right) = 300 \times \frac{2000}{100} = \left(ケ\qquad\right) 回$$

3 送電

発電所から高い電圧で電気エネルギーを送ると，(コ　　　　　)によるエネルギーの損失が(サ　　　　　)なることが知られている。

送電線を用いて，V〔V〕の電圧で一定の電力 P〔W〕を送電する場合，流れる電流 I〔A〕は $I =$ (シ　　　　　)である。送電線の抵抗を R〔Ω〕とすると，電力の損失は $RI^2 =$ (ス　　　　　)となる。これを小さくするためには，V を大きくすればよい。発電所から送られる高電圧の電気エネルギーは，各家庭へ送電されるまでに，変電所や電柱上の変圧器を用いて段階的に電圧が下げられている。

4 電磁波の性質

アンテナに交流電流が流れると，(セ　　　　　)とよばれる波の一種が発生し，電気的な振動と(ソ　　　　　)な振動を繰り返して空間を伝わる。この振動が 1 秒間に繰り返される回数を(タ　　　　　)といい，単位には(チ　　　　　)(記号 Hz)が用いられる。この波は，金属板にあたると反射する。また，波の独立性など，波に特有の性質を示す。この波が真空中を伝わる速さは，(ツ　　　　　)と同じ 3.0×10^8 m/s であり，周波数の高いものほど，波長は(テ　　　　　)。

プラス＋
家庭に供給される交流の周波数は，東日本では 50Hz，西日本では 60Hz である。

プラス＋
変圧器は，鉄心に一次コイル，二次コイルを巻いたものである。

プラス＋
電磁波は周波数(または波長)によってその性質が異なり，周波数の小さい順に，電波，赤外線，可視光線，紫外線，X 線，γ 線などに分類される。

チェック
□送電の過程で，電力の損失を小さくするために変圧器が利用されていることを理解している。
□電磁波は波としての性質を示すことを理解している。

32 太陽エネルギーの利用

●解答編 p.44

学習のまとめ　学習日：　月　日／学習時間：　分

1 太陽エネルギーとその移り変わり

太陽のエネルギーは，光などの(ア　　　　)として放出される。太陽のエネルギーは，大気や海水を循環させ，さまざまな気象現象を引きおこす。また，植物は，太陽のエネルギーを利用して(イ　　　　)を行い，デンプンなどの物質を生産する。

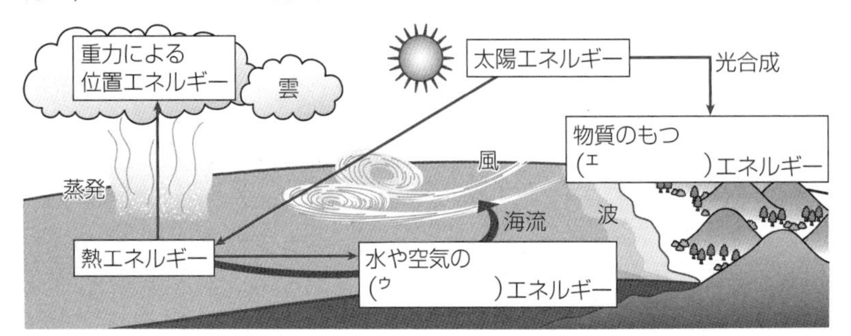

プラス+
地球が1時間に受ける太陽からのエネルギーは，全人類が1年間に消費するエネルギーよりも大きい。

2 太陽エネルギーの利用

(オ　　　　)発電では，太陽電池を用いて，太陽のエネルギーを(カ　　　　)エネルギーに変換しており，時計や電卓，灯台，人工衛星などに用いられている。太陽のエネルギーを直接的に利用する方法には，エネルギー資源の枯渇のおそれがなく，発電時に廃棄物を出さないなどの利点があるが，天候に左右されやすいなどの欠点もある。

(キ　　　　)発電では，ダムに蓄えられている水のもつ重力による(ク　　　　)エネルギーを電気エネルギーに変換している。また，(ケ　　　　)発電では，風車で風を受け，大気の(コ　　　　)エネルギーを電気エネルギーに変換している。これらは，太陽のエネルギーによって引きおこされる，雨や風などの気象現象を利用したものである。

3 化石燃料

石炭や石油，天然ガスは，植物の光合成を通じて太陽のエネルギーが取りこまれた，太古の生物の遺骸がその起源であると考えられており，(サ　　　　)とよばれる。化石燃料は，大量のエネルギーを取り出すことができ，輸送や貯蔵が容易であるなど，利便性にすぐれているが，埋蔵量に限りがあり，いずれは枯渇すると懸念されている。

(シ　　　　)発電では，化石燃料を燃焼させることで高温・高圧の(ス　　　　)をつくり，タービンをまわして発電する。

化石燃料を燃焼させると，大量の(セ　　　　)が大気中に放出される。大気中の二酸化炭素は，地表から放出される熱を吸収し，その一部を地表に放出する。この現象を(ソ　　　　)という。

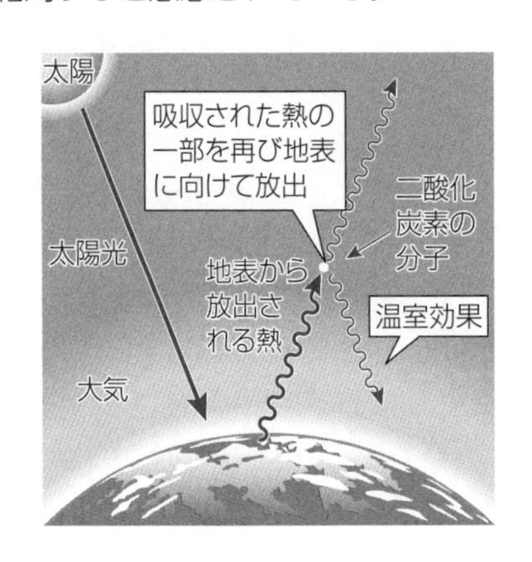

プラス+
2015年，国連では，持続可能な世界を実現するための目標が採択された。これをSDGsといい，2030年までの達成を目指す国際目標である。貧困対策や格差の撤廃，地球環境の保全など，17の目標が設けられている。

プラス+
化石燃料の消費量が増加すると，温室効果が強まり，地球の温暖化が促進されるといわれている。

チェック
□太陽のエネルギーは気象現象や生物の活動に大きな影響を与えていることを理解している。
□日常生活でも太陽のエネルギーがさまざまな形で利用されていることを理解している。

●解答編 p.44

33 原子核と放射線・原子力とその利用

学習のまとめ　学習日：　月　日／学習時間：　分

1 原子と原子核

原子の種類(元素)は，原子核を構成する(^{ア}　　　)の数で決まり，その数を(^{イ}　　　)という。また，原子の質量は，大部分が原子核の質量で占められており，陽子と中性子の数の和によってほぼ決まる。その数を(^{ウ}　　　)という。

原子・原子核を表す記号

同一元素の原子であっても，原子核の質量数が異なる場合がある。このような原子を，互いに(^{エ}　　　)(**アイソトープ**)であるといい，(^{オ}　　　)の数は同じで，(^{カ}　　　)の数だけが異なる。

プラス＋
原子・原子核を記号で表すとき，原子番号は省略してもよい。

2 放射線

原子核の中には，(^{キ}　　　)とよばれるエネルギーの高い粒子や電磁波を放射し，安定な原子核へと変化するものがある。このような変化を(^{ク}　　　)，または**崩壊(壊変)**といい，変化を起こす同位体を(^{ケ}　　　)（**ラジオアイソトープ**）という。

プラス＋
未崩壊の原子核の数がもとの数の半分になるまでの時間を半減期という。

放射線には，**α線，β線，γ線**などがあり，一般に物質を透過する性質がある。また，放射線は**電離作用**を示す。

厚紙　アルミニウム　鉛　水
α線
β線
γ線
中性子線

放射能の強さや放射線の量を表す単位には，(^{コ}　　　)(記号 Bq)，**グレイ**(記号 Gy)，(^{サ}　　　)（記号 Sv)などがある。また，放射線を体に浴びることを(^{シ}　　　)という。

3 核分裂

ウラン $^{235}_{92}$U の原子核が中性子を吸収すると，大量のエネルギーとともに，γ線や中性子を放出して分裂する。このような変化を(^{ス}　　　)という。

中性子　ウランの原子核　中性子を吸収　不安定な状態　核分裂　エネルギーの放出　中性子　放射線

一定量以上のウラン $^{235}_{92}$U が存在し，核分裂で生じた(^{セ}　　　)が別のウラン $^{235}_{92}$U に吸収されるという条件が満たされると，核分裂が次々におこる。これを核分裂の(^{ソ}　　　)といい，この反応が継続する限界の状態を(^{タ}　　　)という。

4 原子力発電のしくみ

原子力発電では，核分裂の連鎖反応を制御しながら，核分裂で生じる熱エネルギーで(^{チ}　　　)をつくり，タービンをまわして発電する。原子力発電では，少量の核燃料から，非常に大きいエネルギーを得ることができる。また，発電の過程で(^{ツ}　　　)が発生しないため，地球の温暖化に与える影響が小さいとされている。

使用済みの核燃料の扱いには注意する必要がある。

チェック
□原子・原子核の記号による表し方，放射線の種類とそれぞれの性質を理解している。
□原子力発電では核分裂が利用されていることを理解している。

●解答編 p.44

思考

☑ 270. 抵抗の測定

図のような回路をつくり，長さが等しく断面の直径が異なるそれぞれのニクロム線について，電流と電圧を測定した。以下の表における電流 I，電圧 V は，実験結果を記したものであり，抵抗 R は計算で得られるものである。次の各問に答えよ。

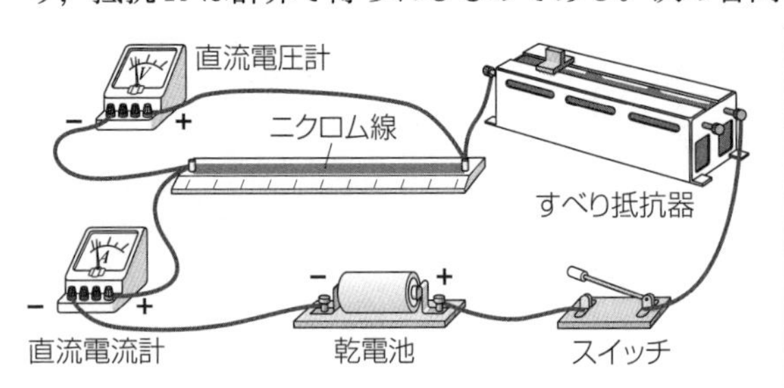

直径〔mm〕	断面積の逆数 $1/S$〔$\mathrm{mm^{-2}}$〕	電流 I〔mA〕	電圧 V〔V〕	抵抗 R〔Ω〕
0.20	32	22.4	0.79	35
0.40	8.0	35.2	0.30	8.5
0.60	3.5	40.0	0.14	3.5
0.80	2.0	43.0	0.10	（ ア ）

(1) 空欄(ア)に入る適切な数値を答えよ。

答

(2) 表の値を用いて，$R-\dfrac{1}{S}$ グラフを描け。

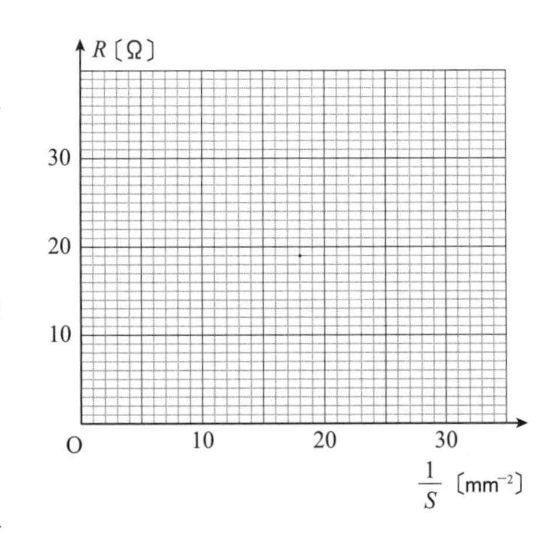

(3) (2)で描いたグラフから，ニクロム線の抵抗と断面積の間には，どのような関係があると考えられるか。

答

思考

☑ 271. ジュール熱を使った水温の上昇

図①のような回路を組み，ニクロム線に電圧 V を加え，電流 I を流す。図②は，熱量計中の水の温度変化を測定した結果である。V と I を変えて3回測定をしている。

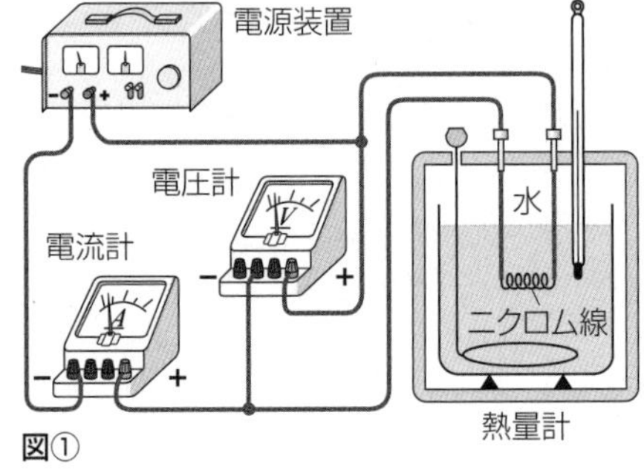

図①

(1) グラフ(ア)～(ウ)のそれぞれの場合について，ニクロム線に発生する単位時間あたりのジュール熱は何 J か。

答 (ア)　　(イ)　　(ウ)

(2) このニクロム線の抵抗は何 Ω か。

答

(3) 別のニクロム線を用いて，$V=2.0\,\mathrm{V}$，$I=2.0\,\mathrm{A}$ とし，同様の測定をしたとする。このときに得られるグラフはどのようになると考えられるか。図②に描け。

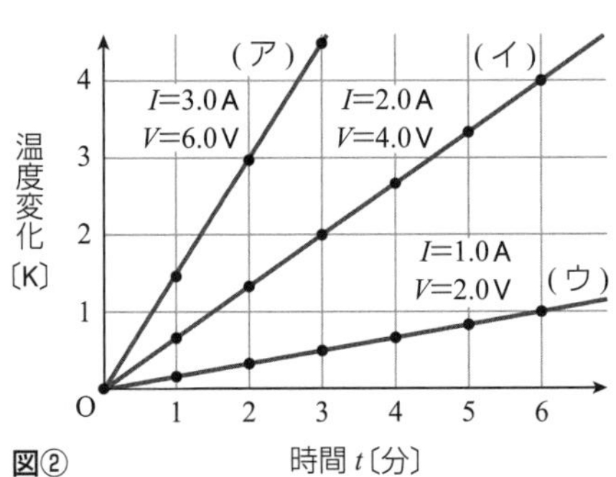

図②

思考　発展

☑ 272. モーター・電磁誘導

図は，2つの磁石とその間で回転するコイルからなる直流モーターである。図①の状態からコイルが半回転すると図②の状態となる。

(1) 図①，図②について，辺 AB に流れる電流の向きは，それぞれどちら向きか。

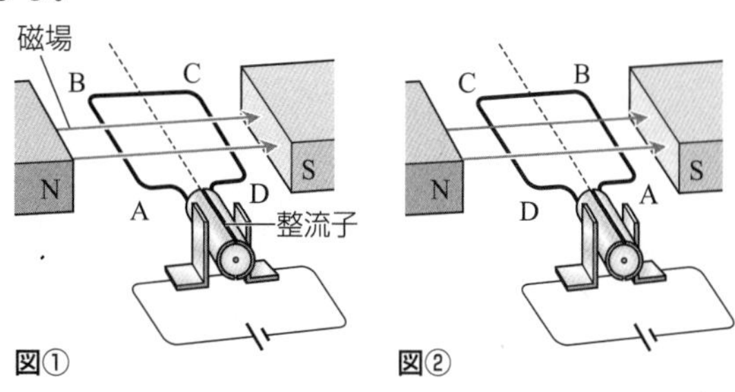

図①　　図②

答　図①：　　　　図②：

(2) 図①の場合，ブラシ側(手前側)から見ると，コイルはどちら向きに回転するか。時計まわり，反時計まわりで答えよ。

答

(3) 図②の場合，ブラシ側(手前側)から見ると，コイルはどちら向きに回転するか。時計まわり，反時計まわりで答えよ。

答

次に，回路から電池を外して抵抗をつないだ。コイルに力を加え，ブラシ側(手前側)から見て反時計まわりに回転させると，抵抗には電流が流れた。

(4) 電流が流れる向きは図のア，イのうちどちらか。

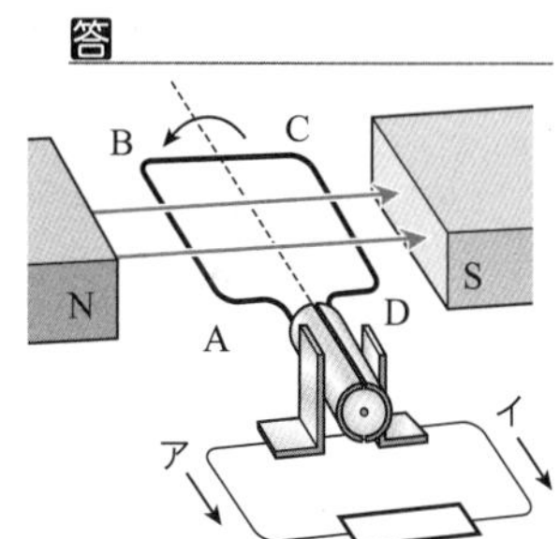

答

思考

☑ 273. 送電

送電について，AとBの2人が会話をしている。会話が科学的に正しいものになるように，(ア)～(キ)に当てはまる適切な語句や式，数値を答えよ。

A：最近，交流について勉強したけれど，直流と違って難しい気がするよ…。どうして，交流電圧や交流電流が使われるのかな。

B：交流のメリットの1つは，(　ア　)器を使って電圧を簡単に上げたり下げたりできることなんだ。直流はそれが簡単ではないんだよ。

A：電圧を変化させられると，どんなときに便利なの？

B：発電所から，都市部へ電力を送電するときに便利だよ。発電所から(　イ　)い電圧で電力を送ると，送電線の抵抗で生じるジュール熱によるエネルギーの損失が小さくなるから，効率よく送電できる。

A：習った知識で，そのことを確認してみよう。

B：発電所から一定の電力を送るとき，送電線に送り出される交流の電圧を V，電流を I とすると，その電力は(　ウ　)と表されるね。送電線の抵抗値が R であるとき，送電線で消費される電力を I と R で表してみて。

A：(　エ　)と表されるはずだ。

B：そのとおり。したがって，同じ電力量を送るとき，送電線での電力損失を小さくするには流れる(　オ　)を小さくすればよいことがわかるね。

A：抵抗値 R が変化しないのだから，同じ電力量を送るには電圧を(　イ　)くして送電した方がいいのか。たとえば，電圧を10倍に上げると，電流は(　カ　)倍になり，電力損失は(　キ　)倍になるよね！

答　(ア)　　(イ)　　(ウ)　　(エ)　　(オ)　　(カ)　　(キ)

略解

1. (1) 37　(2) 57　(3) 31　(4) $\frac{7}{4}$

2. (1) 2　(2) 3　(3) 5　(4) 12

3. (1) $3\sqrt{2}$　(2) $4\sqrt{3}$　(3) $3\sqrt{6}$　(4) $6\sqrt{3}$

4. (1) $c=\frac{a}{b}$　(2) $x=ab$

5. (1) $x=2$　(2) $x=3$　(3) $x=-2$　(4) $x=5$

6. (1) 10^7　(2) 10^{11}　(3) 10^6　(4) 10^2　(5) 10^5　(6) 10^8

7. (1) 2桁　(2) 3桁　(3) 2桁　(4) 3桁

8. (1) 3.0000×10^3m　(2) 3.0×10^{-4}m　(3) 2.50×10^{-3}kg　(4) 3.65×10^2日

9. 縦：10.0mm，横：15.0mm

10. (1) 4.2　(2) 8.6　(3) 8.0　(4) 12　(5) 1.2　(6) 1.8

11. (1) 9.4　(2) 2.83　**12.** 15m/s

13. 72m　**14.** 右向きに5.0m

15. 20m/s　**16.** 2.0m/s

17. (1) 移動距離：44m，変位：16m　(2) 2.0m/s

18. (1) 2.0m/s　(2) 1.0m/s

19. ア：正，イ：小さ，ウ：0

20. 川下の向きに7.0m/s

21. 川上の向きに3.5m/s

22. 東向きに10m/s

23. 西向きに12.0m/s

24. (1) 川下の向きに8.0m/s　(2) 川上の向きに2.0m/s　(3) 25秒

25. (1) 西向きに8.0m/s　(2) 東向きに2.0m/s

26. (1) 図は略，速さ：5.0m/s　(2) 3.0秒

27. 17m/s　**28.** 0.40m/s^2

29. 35m/s　**30.** 28m

31. 正の向きに10m

32. (1) 6.0秒　(2) 36m

33. (1) 2.0m/s^2　(2) 5.0秒後　(3) 13m/s

34. (1) 略　(2) 加速度：1.5m/s^2，変位：0.20m

35. 右向きに30m/s　**36.** 2.5秒後

37. 左向きに2.8m/s^2

38. 右向きに69m　**39.** 2.0秒後

40. 右向きに2.1m/s^2

41. 右向きに40m　**42.** 0m/s

43. 右向きに0.24m/s

44. (1) 2.0m/s^2　(2) 75m　**45.** 略

46. 図①　**47.** 4.9m　**48.** 7.9m/s

49. 25m/s　**50.** (1) 2.0秒　(2) 20m/s

51. 初速度：10m/s，速さ：30m/s

52. (1) 初速度：20m/s，最高点の高さ：20m　(2) 時間：4.0秒後，速さ：20m/s　(3) 略

53. (1) 99m　(2) 5.0秒

54. 2.0秒後　**55.** 9.8m/s^2

56. (1) 3.0秒　(2) 60m

57. (1) 2.0秒　(2) 15m/s　(3) 25m/s

58. (1) 28m/s　(2) 4.0秒　(3) 78m

59. 20N　**60.** 5.0N　**61.** 略

62. 98N　**63.** 15cm

64. (1) 略　(2) 2.5N/m

65. (1) A，理由は略　(2) 5.0N

66. 略　**67.** 1.0N

68. 2.8N　**69.** 略

70. (1) x：8.7N，y：5.0N　(2) x：5.0N，y：8.7N

71. (1) 29N　(2) 29N

72. (1) 2.0N　(2) 0.40m

73. (1) 糸1：2.0N，糸2：2.0N，図は略　(2) 糸1：2.8N，糸2：2.0N，図は略

74. T：$\frac{1}{2}mg$，N：$\frac{\sqrt{3}}{2}mg$

75. (1) 8.0N　(2) 3.0N　(3) 4.0N　(4) 6.0N　図は略

76. 略

77. (1) x：3.0N，y：4.0N　(2) x：-5.0N，y：4.0N　(3) x：-4.0N，y：-4.0N

78. (1) x：0N，y：3.0N，F：3.0N　(2) x：3.0N，y：4.0N，F：5.0N

79. 略

80. (1) $\sin\theta=\frac{1}{2}$，$\cos\theta=\frac{\sqrt{3}}{2}$，$\tan\theta=\frac{1}{\sqrt{3}}$　(2) $\sin\theta=\frac{1}{\sqrt{2}}$，$\cos\theta=\frac{1}{\sqrt{2}}$，$\tan\theta=1$　(3) $\sin\theta=\frac{3}{5}$，$\cos\theta=\frac{4}{5}$，$\tan\theta=\frac{3}{4}$　(4) $\sin\theta=\frac{5}{13}$，$\cos\theta=\frac{12}{13}$，$\tan\theta=\frac{5}{12}$

81. (1) 10cm　(2) $10\sqrt{3}$cm　(3) $10\sqrt{2}$cm　(4) $30\sqrt{3}$cm

82. (1) x：10N，y：17N　(2) x：-28N，y：28N

83. (1) x：30N，y：52N　(2) x：14N，y：14N

84. 左向きに30N

85. つりあい：BとC，作用・反作用：AとB

86. 30N

87. (1) $\vec{F_1}$と$\vec{F_2}$，$\vec{F_3}$と$\vec{F_4}$　(2) $F_4-F_5=0$

88. (1)，(2) 略　(3) 2.0×10^2N

89. (1) 4.9N　(2) 4.9N　**90.** (イ)

91. 略　**92.** $f=F$　**93.** 8.0m/s^2

94. 20N　**95.** (ア)，(ウ)　**96.** (イ)

97. (1) 1.0N：0.20m/s^2　1.5N：0.30m/s^2　2.0N：0.40m/s^2　(2) 比例の関係

98. (1) 略　(2) 反比例の関係

99. 4.0m/s^2　**100.** 1.5m/s^2

101. (1) 5.0N　(2) 4.9N

102. 4.9m/s^2

103. (1) A：$Ma=T$，B：$ma=mg-T$　(2) a：$\frac{m}{M+m}g$，T：$\frac{Mmg}{M+m}$

104. (1) 斜面下向きに4.9m/s^2　(2) 略

105. 1.0N　**106.** 20N　**107.** 3.0N

108. (1) 9.8N　(2) 0.50

109. (1) 4.9N　(2) 0.58

110. (1) 4.9×10^3N　(2) 左向きに4.9m/s^2

111. 略　**112.** 右向きに1.0m/s^2

113. (1) 0.80m/s^2　(2) 5.3×10^2N

114. 加速度：1.0m/s^2，力：5.0N

115. (1) A：$ma=T-mg$，B：$Ma=Mg-T$　(2) a：$\frac{M-m}{M+m}g$，T：$\frac{2mM}{M+m}g$

116. 右向きに2.0m/s^2

117. (1) x：$ma=\frac{1}{2}mg-F'$，y：$0=N-\frac{\sqrt{3}}{2}mg$　(2) F'：$\frac{\sqrt{3}}{2}\mu'mg$，a：$\frac{1-\sqrt{3}\mu'}{2}g$

118. 30Pa　**119.** 3.0×10^5Pa

120. 20N　**121.** (1) 面b　(2) 9.8×10^2Pa

122. (1) 9.8×10^4N　(2) 2.0×10^5Pa

123. (1) 重力：ρVg，浮力：$\rho_s V_s g$　(2) $\frac{\rho_s-\rho}{\rho_s}V$

124. 略　**125.** 30J　**126.** 15J

127. 4.0m　**128.** 50W

129. (1) 0　(2) 正　(3) 負　(4) 0　(5) 0　(6) 負

130. (1) 5.9×10^2J　(2) -5.9×10^2J

131. (1) 98N　(2) 2.9×10^2J　(3) 2.9×10^2J

132. (1) 75J　(2) 10W　**133.** 50J

134. 50J　**135.** 20J　**136.** 14m/s

137. (1) 20m/s　(2) 40m/s

138. (1) 10J　(2) 3.0m/s

139. 1.5N

140. (1) $-\frac{F}{m}$　(2) $v^2=-2as$　(3) $\frac{1}{2}mv^2$

141. 49J　**142.** 0J　**143.** 50J

144. 0.25J

145. ① 2.0×10^2J　② -2.0×10^2J

146. (1) 20J　(2) 9.8J　(3) 9.8J

147. (1) 0.40J　(2) 1.6J　(3) 1.2J

148. 略　**149.** $\frac{1}{2}mv^2+mgh$〔J〕

150. 14m/s　**151.** 1.4m/s

152. (1) 20m/s　(2) 9.9m/s

153. (1) $\frac{v_0^2}{2g}$〔m〕　(2) $\sqrt{v_0^2+2gh_0}$〔m/s〕

154. (1) 0.40m　(2) 2.8m/s　(3) 0.40m

155. (1) イ　(2) ウ

156. $\frac{1}{2}mv^2+\frac{1}{2}kx^2$〔J〕　**157.** 0.30m

158. -2.0J　**159.** 5.0m/s

160. (1) 0.98J　(2) 0.25m

161. (1) 0J　(2) エネルギー：$49x^2-4.9x$〔J〕　最大降下距離：0.10m

162. (1) 5.6m/s　(2) ①

163. (1) 略　(2) 5.6m/s

164. (1) 略　(2) 8.4m/s

165. (1) 略　(2) 2.4m/s

166. (1) 略　(2) 1.4m/s

167. (1) 略　(2) -5.9J　(3) 2.8m/s

168. (1)，(2) 略　(3) ③

169. (ア) 糸の張力　(イ) 重力　(ウ) 浮力　(エ) 浮力　(オ) 大き　((ア)～(ウ)は順不同)

170. (1) 3.0N　(2) 1.5m/s^2　(3) ②

171. (ア) 力学的　(イ) 0　(ウ) 23.0　(エ) 4.0　(オ) 5.0　(カ) 7.0　(キ) 0.36

172. 273K　**173.** 90J/K

174. 1.0×10^2J　**175.** 30J

176. (1) 373K　(2) 1811K　(3) -196℃　(4) -78℃

177. 8.8×10^2J　**178.** ④

179. (1) $50\times c\times(80-t)=150\times c\times(t-20)$

(2) 35℃

180. (1) $100 \times c \times (100-24.0)$
$=(141+170 \times 4.2) \times (24.0-20.0)$
(2) 0.45 J/(g·K)

181. 融解熱 **182.** 29 J **183.** 40 J

184. (1) 6.6×10^4 J (2) 1.1×10^3 秒

185. (1) 2.0×10^3 J (2) 4.7 K

186. (1) A：2.9×10^4 J，B：5.0×10^3 J
(2) 2.4×10^4 J

187. (1) −2.8 J (2) 4.2 J **188.** 25%

189. 不可逆変化 **190.** 熱エネルギー

191. (1) A (2) B (3) B

192. (1) 2.0×10^5 J (2) 37%

193. (1) 2.0×10^9 J (2) 1.2×10^9 J
(3) 6.0×10^4 kg

194. (1) 可逆変化 (2) 不可逆変化
(3) 不可逆変化 (4) 不可逆変化

195. (1) 前：熱エネルギー
後：力学的エネルギー
(2) 前：電気エネルギー
後：光エネルギー
(3) 前：力学的エネルギー
後：電気エネルギー
(4) 前：電気エネルギー
後：化学エネルギー

196. (1) 物体B (2) ①

197. (1) 略
(2) $(840+100) \times (26.0-20.0)$
$=100 \times c \times (95.0-26.0)$
(3) 0.88 J/(g·K)

198. (1) (ア) 氷 (イ) 1.4×10^4
(ウ) 1.3×10^4
(2) 60 J/K (3) 1.9 J/(g·K)

199. (1) 鉛 (2) 3.8 K (3) 略

200. 0.50 秒 **201.** 80 m/s

202. 横波

203. (1) T：4.0 s，f：0.25 Hz (2) 略

204. (1) A：0.10 m，T：0.40 s，λ：0.80 m
(2) 略

205. (1) 山：A，F，谷：C (2) λ：72 m，
v：12 m/s，T：6.0 s (3) 略
(4) 最大：B 0：A，C，F

206. (1) 略 (2) 疎：e 密：a
(3) 最大：a 0：c，g

207. 略 **208.** 1.5 m **209.** 0.40 m

210～211. 略 **212.** ①：節 ②：腹

213. (1) 2.0 m (2) 3 個

214. (1) 腹：x=0.5，2.5，4.5，6.5 m
節：x=1.5，3.5，5.5，7.5 m
(2) 0.20 m

215. 固定端 **216.** 略 **217.** 腹

218. 略

219. (1)，(2) 略
(3) x=3.0，7.0，11.0 cm

220. (1) 節 (2) B，D (3) B：節，C：節

221～225. 略 **226.** 340.5 m/s

227. 1.7×10^3 m **228.** 3 回

229. (1) 348.0 m/s (2) 1.0×10^3 m

230. (1) 1.7×10^{-2} m (2) 17 m

231. (1) (b) (2) (c) (3) (a)
(4) (1)：振動数 (2)：振幅 (3)：波形

232. 503 Hz **233.** 385 Hz **234.** 略

235. C **236.** (1) 略 (2) 2 倍

237. (1) 0.40 m (2) 1.2×10^3 Hz
(3) 8.0×10^2 Hz (4) 0.90 m

238. (1) 大きくなる (2) 大きくなる
(3) 小さくなる

239～240. 略

241. (1) B，D (2) A，C (3) A，C

242. (1) 0.550 m (2) 3.3×10^2 m/s
(3) 67.7 cm

243. (1) 略 (2) 0.40 m
(3) 8.5×10^2 Hz

244. (1) 0.34 m (2) 閉管：2.5×10^2 Hz
開管：5.0×10^2 Hz

245. (1) 波長：0.60 m，速さ：1.5 m/s
(2)，(3) 略
(4) ア：2 イ：$\frac{1}{2}$

246. ア：2.0 イ：0 ウ：0 エ：6.0

247. (1) 波長：0.80 m，
振動数：4.0×10^2 Hz
(2) 波長：0.80 m，腹の数：3 個
(3) 腹の数：減った，理由は略

248. (1) ア：外 イ：$\frac{1}{2}$ ウ：50.0
エ：$\frac{1}{4}$ オ：0.5 カ：350
(2) 距離の変化：長くなる。
理由は略

249. 0.10 A **250.** 0.50 A

251. BからAへ 2.0×10^{11} 個

252. 7.2×10^3 C

253. (1) 6.0 A (2) 3.0 Ω **254.** (エ)

255. (イ)，10 Ω

256. (1) 0.55 Ω (2) 1.1 Ω (3) 0.28 Ω

257. 5.0 Ω **258.** 30 J

259. 6.0×10^2 W

260. (1) 36 Ω (2) 50 Ω (3) 2.0 A

261. (1) 電流計：ア 電圧計：イ
(2) プラス端子

262. (1) 20 Ω (2) 電力：4.1×10^2 W，
電力量：8.1×10^2 Wh
(3) 7.3×10^4 J

263. (1) 3.0×10^5 J (2) 3.8×10^2 秒

264. (1) 1.5 A (2) 3.6 V (3) 3.0 Ω

265. (1) 7.0 Ω (2) 6.0 Ω (3) 9.0 Ω

266. (1) 2.0 Ω (2) 1.6 Ω (3) 1.2 Ω

267. (1) 6.0 Ω (2) 1.5 Ω (3) 6.0 Ω

268. (1) 3.0 A (2) 1.0 A (3) 1.5 A

269. (1) 3.6 V (2) 4.5 V (3) 8.0 V

270. (1) 2.3 (2)，(3) 略

271. (1) ア：18 J イ：8.0 J ウ：2.0 J
(2) 2.0 Ω (3) 略

272. (1) 図①：A→B 図②：B→A
(2) 反時計まわり (3) 反時計まわり
(4) ア

273. ア：変圧 イ：高 ウ：VI エ：RI^2
オ：電流 カ：$\frac{1}{10}$ キ：$\frac{1}{100}$

新課程版 ネオパルノート物理基礎

2022年1月10日 初版 第1刷発行
2025年1月10日 初版 第4刷発行

編 者 第一学習社編集部
発行者 松本 洋介
発行所 株式会社 第一学習社

広島：広島市西区横川新町7番14号 〒733-8521 ☎082-234-6800
東京：東京都文京区本駒込5丁目16番7号 〒113-0021 ☎03-5834-2530
大阪：吹田市広芝町8番24号 〒564-0052 ☎06-6380-1391

札 幌 ☎011-811-1848 仙台 ☎022-271-5313 新 潟 ☎025-290-6077
つくば ☎029-853-1080 横浜 ☎045-953-6191 名古屋 ☎052-769-1339
神 戸 ☎078-937-0255 広島 ☎082-222-8565 福 岡 ☎092-771-1651

訂正情報配信サイト 47131-04
利用に際しては，一般に，通信料が発生します。
https://dg-w.jp/f/a04ff

47131-04
ホームページ
ISBN978-4-8040-4713-3

■落丁，乱丁本はおとりかえいたします。
ホームページ
https://www.daiichi-g.co.jp/

直角三角形の辺の長さの比

下図のような直角三角形の辺の長さの比は，力を分解するときによく用いられる。

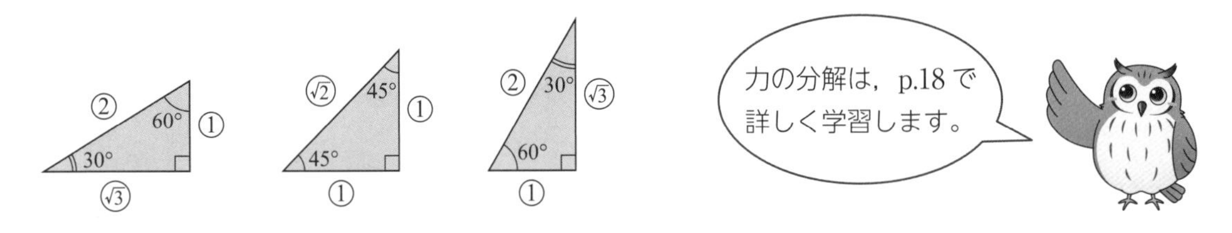

物理量の英語表記

物理量を表す文字(速度を表す v など)は，英語の頭文字に由来するものが多い。

	物理量		英語表記	単位	
力学	長さ	L	length	m	メートル
	高さ	h	height	m	メートル
	移動距離	s	space	m	メートル
	時間	t	time	s	秒
	速度	v	velocity	m/s	メートル毎秒
	加速度	a	acceleration	m/s^2	メートル毎秒毎秒
	重力加速度	g	gravitational acceleration	m/s^2	メートル毎秒毎秒
	力	F	force	N	ニュートン
	質量	m	mass	kg	キログラム
	重さ	W	weight	N	ニュートン
	垂直抗力	N	normal reaction	N	ニュートン
	張力	T	tensile force	N	ニュートン
	圧力	p	pressure	Pa	パスカル
	仕事	W	work	J	ジュール
	仕事率	P	power	W	ワット
	運動エネルギー	K	kinetic energy	J	ジュール
熱	温度	T	temperature	K	ケルビン
	熱量	Q	amount of heat	J	ジュール
	熱容量	C	heat capacity	J/K	ジュール毎ケルビン
	比熱	c	specific heat	J/(kg·K)	ジュール毎キログラム毎ケルビン
	熱効率	e	thermal efficiency	—	—
波動	振幅	A	amplitude	m	メートル
	振動数	f	frequency	Hz	ヘルツ
電気	電気素量	e	elementary electric charge	C	クーロン
	電流	I	electric current	A	アンペア
	電圧	V	voltage	V	ボルト
	電気抵抗	R	resistance	Ω	オーム
	電力	P	electric power	W	ワット

○物理用語の意味

高校物理では，次のような用語がよく用いられる。これらの用語は，物理的な状態を表す意味を含んでおり，日常で使われるときと意味が異なるものもある。

用語	意味	使用例
速度	速さと向き 右向きに速さ v〔m/s〕	「物体の速度を求めよ。」 ⇨「物体の速さと向きを求めよ。」 速度はベクトルであり，大きさと向きをもつ量である。速度の大きさを速さという。向きは，一直線上の運動では，正負の符号で表すことができる。
Aに対するBの相対速度	Aから見たBの速度	「自動車に対する電車の相対速度を求めよ。」 ⇨「自動車から見た電車の速度を求めよ。」
静かに	初速度 0 で	「橋の上から静かに小球をはなした。」 ⇨「橋の上から初速度 0 で小球をはなした。」
（鉛直投げ上げの）最高点に達する	速さが 0 になる 速さ 0	「鉛直上向きに投げ上げられた物体が最高点に達するのは何秒後か。」 ⇨「鉛直上向きに投げ上げられた物体の速さが 0 になるのは何秒後か。」 ↗発展　水平投射や斜方投射では，最高点に達したとき，速度の鉛直方向の成分が 0 になる。
面をはなれる	面から受ける垂直抗力が 0 になる	「物体を引く力を大きくしていき，物体が面をはなれたとき，……」 ⇨「物体を引く力を大きくしていき，物体が面から受ける垂直抗力が 0 になったとき，……」
なめらかな面	摩擦のない面	「なめらかな水平面上を，物体が運動している。」 ⇨「摩擦のない水平面上を，物体が運動している。」
粗い面	摩擦のある面	「粗い斜面上に，物体を置く。」 ⇨「摩擦のある斜面上に，物体を置く。」
軽い	質量が無視できる	「物体を，軽い糸で引く。」 ⇨「物体を，質量が無視できる糸で引く。」
ゆっくりと	無視できるほど小さい速度，加速度で（力のつりあいを保ったまま）	「物体を，ゆっくりと移動させた。」 ⇨「物体を，無視できるほど小さい速度，加速度で移動させた。」 物体の速度や加速度が無視できるとき，物体にはたらく力は，つりあった状態に保たれているものとみなせる。
変化量	（変化後の量）－（変化前の量）	「物体の運動エネルギーの変化量は何 J か。」 ⇨「物体の運動エネルギーの（変化後の量）－（変化前の量）は何 J か。」 変化量は負になる場合もある。